Алекс Бэттлер

МИРОЛОГИЯ

Прогресс и сила
в мировых
отношениях

Том I
Введение в Мирологию

SCHOLARICA®
2026

Алекс Бэттлер (Alex Battler)

Б97   *Мирология. Прогресс и сила в мировых отношениях.*
Т. I. Введение в Мирологию. — Издательство SCHOLARICA®, 2026. — 266 с.

© 2019, 2021, 2025, 2026

«Мирология» — труд, не имеющий аналогов в мировой научной литературе: в нем впервые поставлена задача создания целостной науки о мире — Мирологии.

Том I посвящен основам этой новой науки, ее философской и науковедческой базе — то есть фундаменту, на котором строится все здание. Том II, состоящий из двух отдельных книг (Книга I и Книга II), представляет новое видение ключевых концепций и категорий, на которых основана современная научная дисциплина — теория международных отношений.

Алекс Бэттлер вступает в полемику практически со всеми ведущими учеными в области международных отношений по всему миру, и его строго аргументированный философский стиль впечатляет своей тщательностью и глубиной.

Книга предназначена для исследователей, ученых и читателей, интересующихся философскими основами мировой политики и природой международных процессов.

ISBN: 979-8-9942552-1-6 (Paperback)
ISBN: 979-8-9942552-0-9 (eBook)

Первое издание внесено в каталог Библиотеки Конгресса США (LCCN 2014367238).

© Алекс Бэттлер (Alex Battler)
© SCHOLARICA

Никакая часть настоящего издания ни в каких целях не может быть воспроизведена в какой бы то ни было форме.

Содержание

Предисловие...5
Введение:...12
КНИГА I. ФИЛОСОФИЯ МИРОЛОГИИ............................25
Глава 1. Философские основы теорий международных отношений 27
   1. Классики прагматизма и позитивизма......................27
   2. Нео/постпозитивисты и другие 35
   3. Философская школа «толковательного диалога» 53
   4. Кантовский мир 66
Глава 2. Наука и методология 73
   1. Классики постпозитивистского науковедения 73
   2. Нелинейные подходы к изучению мировых отношений....85
      Теория сложности 85
      Синергетика Ильи Пригожина 95
Глава 3. Современная марксистская философия науки 105
   1. Марксизм — наука и методология познания............105
   2. А.А. Богданов — марксистский позитивист 113
   3. Так что же такое наука? 121
   4. Отличительные признаки науки 128
   5. Методология и методы 135
Глава 4. Понятийно-категориальный аппарат науки 141
   1. Понятия и категории 141
   2. Способ познания 154
   3. Прогнозы: общие методологические объяснения 158

Вместо заключения 164
Понятие «ученый» и взаимосвязь между философией и обществом 164

КНИГА II. ОНТОЛОГИЧЕСКИЕ И ГНОСЕОЛОГИЧЕСКИЕ ОСНОВЫ МИРОЛОГИИ: СИЛА И ПРОГРЕСС 171

Введение 172
Глава 1. Онтологическая сила, или онто́бия 173
Глава 2. Прогресс 179
1. Органический мир: «прогресс» и усложнение 179
2. Жизнь начинается с человека 186
3. Сила и прогресс 195
    Философские аспекты сознания и мысли 196
    Сознание + мысль = разум 200
    Мысль и знания 207
    Знания и сила 209
    Информация и знания 213
    Информация – энтропия – знания 216
    Жизнь и прогресс 218
4. Общественные законы силы и прогресса 223
5. Знание силы и сила знаний 228
    Знания и истина 229
    Знания, свобода и идеи 233
    Измерение знаний 237
    Сила, знание и прогресс 241

Библиография 248
Именной указатель 255

Предисловие

Предлагаемый труд является завершением цикла моих работ о силе и прогрессе. Напомню читателю, что в первой книге «Диалектика силы: онто́бия» была вскрыта онтологическая сущность силы на философском уровне, затем были проанализированы ее проявления в космосе в контексте теории Большого взрыва, в органическом мире — с точки зрения решения проблемы жизнь–нежизнь и в психологии — при решении проблемы тело–разум. Во второй книге «Общество: прогресс и сила (критерии и основные начала)» разработка понятия *онтологическая сила* позволила вскрыть феномен прогресса в обществе и сформулировать два фундаментальных начала общественного развития. И как я обещал читателям, в следующей работе сила и прогресс должны были стать главными героями в исследовании мировых отношений.

Я собирался анализ этой темы вместить в одну книгу, аналогично прежним, но не тут-то было. Поначалу идея была довольно простой. Поскольку у меня самого было написано немало по теории международных отношений, я намеревался проверить свое новое понимание силы и прогресса на своем же материале, а также на нескольких работах современных авторов. Но к своему удивлению, я обнаружил очень большое количество исследований, которые пробудили во мне желание подвергнуть их критике. Причем это касается не только ученых консервативного направления, но в неменьшей степени из так называемого левого лагеря, которых нередко именуют неомарксистами.

В старые добрые времена, когда я писал статьи по теории международных отношений, я не понимал истоки воззрений различных школ, скажем, «политических реалистов» в США. И только сейчас, когда в моду вошло изучение тех или иных направлений в теории международных отношений на основе анализа работ их философских учителей, многое стало ясно. Но для освещения этой ясности мне понадобился «лишний» том, который и предваряет все исследование.

В результате объем исследования разросся до пяти томов и охватывает практически все основные проблемы мировых отношений, которые обсуждаются теоретиками и международниками ведущих стран мира. Поскольку мне пришлось обработать колоссальный массив научной литературы и, соответственно, его систематизировать, стало вырисовываться нечто, напоминающее науку, которую я назвал Мирологией — Наукой о мире. Подробнее об этом читатель может прочесть во Введении.

Обычно такого типа работы пишутся коллективом авторов, иногда целыми институтами. Я же писал один, без помощников, без консультантов и советчиков. В этом заключается принципиальная позиция, связанная с моим глубоким убеждением, что коллектив авторов в принципе не в состоянии создать целостную науку, поскольку каждый из авторов знает только собственный фрагмент исследовательского поля. Мне не приходилось встречаться ни с одной коллективной работой по теории международных отношений, в которой был хотя бы намек на целостное восприятие международных реальностей, не говоря уже о понимании общего направления развития всей мировой системы. С подозрением я отношусь и к «ценным советам» в ходе написания той или иной работы, за которую обычно авторы благодарят своих коллег и друзей. Я не могу представить, чтобы Спиноза, Декарт, Гоббс, Кант, Гегель и другие аналогичные величины прислушивались к советам своих «коллег». Те же, кто прислушивается, исчезают в небытии.

В написании данной работы я столкнулся с любопытным феноменом. Дело в том, что я русский по происхождению и советский по воспитанию. То есть моей родиной был Советский Союз. После распада СССР я переехал на Запад и стал гражданином Канады. Но психологически не ощущаю себя человеком западного мира. И хотя тип моего мышления формировался именно западной культурой и философией, прежде всего немецкой, я не могу сказать, что я западный исследователь. Точно так же я не могу называть себя российским исследователем. К какой стране себя отнести, я не знаю и поэтому при анализе работ тех или иных ученых пишу «российские ученые» или «западные ученые», не относя себя ни к тем, ни к другим.

Данное сочинение с самого начала предназначалось двум аудиториям: в России и на Западе. И в этой связи возникла проблема лексикона. Совершенно понятно, что лексический аппарат российских ученых отличается от терминологии западных ученых. Скажем, если для российских ученых, по крайней мере для тех, кто я еще не забыл марксистскую терминологию, слова *базис, надстройка, формация* и т.д. являются понятными, то для западных, большинство из которых не владеет такой терминологий, они совершенно непонятны. И наоборот, западнику не надо объяснять, например, слово *рефлексивизм*, а российскому надо. Но даже одно и то же слово, скажем, эпистемология, по-разному понимается в двух мирах. Поэтому мне приходилось разъяснять такого типа слова не без опасения, что это может вызвать раздражение у тех, кто знаком с ними. Заранее прошу извинить.

Сразу же хочу предупредить читателя о стиле изложения в связи с политкорректностью. Об этом я много раз писал в предыдущих работах. Есть смысл повторить и здесь. В отличие от всех российских ученых я не употребляю множественное число типа «мы», «нам представляется», «мы предлагаем» и так далее в том же духе. Хотя такая форма и является старой традицией так называемого научного языка, я ее категорически отвергаю как неосознанную попытку уйти от ответственности за сказанное и написанное. В англоязычной научной среде эта традиция, к счастью, нарушена. И я среди нарушителей.

Большая часть данного труда посвящена критике работ ученых по различным темам. Критика по определению не может быть беспристрастной. Поиск истины происходит на фоне борьбы мнений, представлений, теорий, за которыми стоят конкретные лица со своим темпераментом и политическими или идеологическими предпочтениями. Нынешняя политкорректность, получившая распространение на Западе, особенно в США, где-то с конца

1990-х годов, пытается свести эту борьбу к общепримиряющему «консенсусу» братьев по разуму, призывая к «толерантности», т.е., говоря по-русски, к терпимости и уважению «чужих мнений». Казалось бы, благородная цель. Но эта цель лишила науки боевого духа. Помимо словесной преснятины, она, допуская любые мнения, фактически стала поощрять возрождение лженауки. И самое важное — лишила науку ее главного предназначения, коим является поиск истины. Поскольку плюрализм мнений, на чем настаивают некоторые исследователи, и есть смысл науки. Все мнения важны, все довольны. В дураках остается только истина. И кстати сказать, сам язык. Если в спорах убрать слово stupid и его синонимы, из английского языка исчезает сразу около 260 слов.

Я не «толерантен» и не политкорректен. Это не значит, что мой текст изобилует какими-то оскорблениями или ярлыками. Просто каждый исследователь получает оценку в соответствии с тем вкладом, какой он внес в реальную науку.

И еще о языке с другого угла зрения. Хотя моя работа является научным исследованием, я стараюсь избегать наукообразного изложения. Она отличается от современных работ по философии, политологии и социологии, которые изобилуют псевдонаучной терминологией. В особенности этим грешат российские научные сотрудники, ни один из текстов которых не обходится без таких слов, как *дискурс, паттерн, анимия, ретриты, менталитет, идентичность* и т.п. Хотя этот околонаучный англояз убивает русский язык, они этого не замечают. И не понимают, что если мысль искажает родной язык, то в ответ такой язык искажает мысль.

Это не означает, что я непримиримый противник иностранного лексикона в русском тексте. Представленная работа охватывает различные научные дисциплины, каждая из которых действительно имеет свою устоявшуюся терминологию. К примеру, придуманное Т. Куном слово *парадигма* трудно заменить на русский эквивалент, и вряд ли это нужно делать. В теории международных отношений прочно закрепилось слово «актор», который к тому же дает смысловую нюансировку в сравнении со словами *субъект*, или агент международных отношений. Мне не нравится слово *когнитивный* в психологии (ему есть адекватное русское слово — *познавательный*), но оно тоже «въелось» в науку. Я негативно отношусь только к тем словам из англояза, которые легко передаются русским языком. Тот же самый *менталитет* передается словом *умострой*, а *идентичность* — словами *самобытность, самовосприятие*. В тех же случаях, когда мне приходилось изобретать слова для новых понятий или категорий, я предпочитал обращаться непосредственно к греческому или латинскому языкам.

Поскольку в данной работе очень много говорится о теории международных отношений, то, как обычно в такого типа книгах, в целях экономии пространства эти три слова передаются аббревиатурой ТМО. Если же речь идет не о научной дисциплине, а о реальных международных отношениях (МО), тогда аббревиатура МО обычно не используется, за исключением тех мест, где это словосочетание повторяется слишком часто.

Несколько слов о содержании работы. В первом томе (книга 1) анализируются философские основы всевозможных ТМО, их науковедческая база. А также мои формулировки (книга 2) наиболее важных понятий и категорий (наука, сила, прогресс), которые в дальнейшем станут инструментами познания явлений, имеющих отношение к международной тематике. Во втором томе (книга 1) предлагается критический анализ работ теоретиков-классиков ТМО и современных авторов различных направлений и стран. В этом же томе (книга 2) я предлагаю решения многих проблем, которые до сих пор дискутируются в рамках ТМО. Третий том (книги 1 и 2) — это уже синтез понятий и категорий, сбор их в одну систему координат, своего рода «дерево», состоящее из взаимосвязанных терминов, понятий и категорий, которые позволяют на научной основе делать анализ и прогнозы мировых отношений. Четвертый том — политэкономия мировых экономических отношений. Наконец, пятый том (книги 1 и 2) — это, с одной стороны, анализ мировых проблем, или, точнее, мировых противоречий, которые являются движущими силами всей системы мировых отношений, а с другой — попытка прогноза движения мировых отношений до середины XXI в. Конечной же целью моего сочинения является превращение ТМО как научной дисциплины в науку Мирологию.

Сразу же хочу предупредить читателя. Предложенный труд, несмотря на доступный язык, не является легким чтением. Для достижения поставленных задач было привлечено множество научных дисциплин, каждая из которых сама распадается на ряд всевозможных направлений. Поначалу я собирался работать на поле ТМО, международных отношений, политологии, социологии и политэкономии. Но вопреки моим первичным намерениям, я вынужден был втянуться в философию, международное право, науковедение, культурологию, религию, информатику, психологию, языкознание. И я, конечно же, представляю, что не каждый читатель знаком с названными науками одновременно. Но для того, чтобы усваивать любые тексты в сфере гуманитарных наук, достаточно овладеть навыками философского мышления, желательно на текстах Гегеля. Даже изучение его учебника для гимназий — «Философская пропедевтика» — может облегчить чтение любой научной литературы из дисциплин, упомянутых выше. Если же кто-то одолеет «Науку логики» Гегеля, тогда ему не страшен даже «Капитал» Маркса.

Суть в следующем: если читатель не обладает навыками абстрактного мышления, не знаком с фундаментальными философскими понятиями и категориями и у него недостаточно усидчивости, чтобы освоить диалектические азы философии, ему не стоит терять время. Эти книги не для него. Они для тех, кто пытается познать сущность мировых отношений без идеологических и пропагандистских клише, для тех, кто пытается понять, куда движется мир и как выводятся законы, которые его движут. Задача не из легких. Но познавать мир никогда не было легкой задачей.

И последнее. Выше я отметил, что у меня не было ни советников, ни помощников в написании данного труда. Это не совсем так. С самого начала эпопеи вдохновителем была моя жена, Валентина Бэттлер, которая поначалу вынудила меня взяться за «Диалектику силы» и до сих пор не дает покоя и явно не даст, пока я не закончу весь цикл, посвященный прогрессу и силе. Ее роль не ограничивается только лишением меня спокойной жизни. Она осуществляет первоначальное редактирование чуждого ей текста, а также всю подготовительную и шлифовочную работу, поддерживая мое «техническое» и физическое состояние как человека, не способного к бытовой жизни. И это при всем при том, что сама она является выдающимся художником, поэтом и критиком.

Слова благодарности были бы слишком незначительны для оценки вклада Валентины в данную монографию. Могу только сказать, что без ее участия не было бы ни этой книги, ни других.

Все свое научное творчество,
включая и данный труд,
я посвящаю своей жене — Валентине Бэттлер.

Алекс Бэттлер

Введение: предмет исследования

Те, кто занимается теорией международных отношений, сталкиваются с проблемой определения самого предмета исследований. Казалось бы, чего проще, предмет исследования — международные отношения. Но сразу же возникают вопросы: чем международные отношения отличаются от мировых отношений? Входят ли в сферу этих отношений экономические отношения? Или наоборот, входят ли в мировые экономические отношения международные, имея в виду, что главными субъектами международных отношений являются государства. А как быть с отношениями в областях культуры, спорта и многими другими, которые тоже вплетены в ткань мировых отношений? Возникают также вопросы, какова разница (и есть ли она вообще) между международной *политикой* и международными *отношениями*, между международной политикой и внешней политикой того или иного субъекта?[1] Можно и дальше задавать аналогичные вопросы, которые парализуют ответ относительно предмета исследования.

Существует вопрос и другого рода: являются ли международные отношения сферой науки или как минимум самостоятельной научной дисциплиной? И если да, то в каких отношениях эта наука находится с социологией и политологией? Вопросы непраздные, поскольку и та и другая область знаний анализируются на базе одних и тех же терминов, некоторые из которых рассматриваются как понятия (сила, власть, интересы, безопасность и т.д.). Проблемы смешения понятий довольно часто возникают

---

1. Такого типа вопросы задаются во введениях практически ко всем книгам по теории международных отношений. Например, см.: *Burchill* (et al.). Theories of international relations, p. 5.

при наложении или пересечении наук. Как известно, в западной науке предмет «Международные отношения» изучается как ответвление политологии. Кэн Бут, например, полагает, что «политология может серьезно изучаться только как ответвление политики в глобальном масштабе. Мировая политика является домом политической науки, а не наоборот. Кант был прав: политическая теория должна быть международной теорией»[1].

Другие же ученые придерживаются противоположного мнения: наоборот, именно теории международных отношений являются частью политологии. А некоторые полагают — социологии. Единогласия по названным проблемам нет.

Не существовало их и лет тридцать назад, когда я впервые столкнулся с названными проблемами. В то время я собрался написать книгу по теории международных отношений. Как и многие международники-теоретики, я тут же запутался в определениях, упомянутых выше, а также во множестве других, типа что такое *сила* в международных отношениях, есть ли разница между *силой* и *мощью* и т.д. Изучив немало работ по теории международных отношений, я понял, что в рамках политологии, социологии и международных отношений не найду ответов на эти вопросы. Ответы надо искать на другом, философском, и не просто философском, а онтологическом уровне. Иначе меня ждет судьба всех теоретиков, которые до сих пор так и не выбрались из понятийно-категориальной путаницы. Мне пришлось предварительно изучить важные явления, без которых невозможно было бы обратиться непосредственно к международным отношениям. В результате были написаны монографии «Диалектика силы» и «Общество: прогресс и сила», после которых многое мне стало понятным.

Правда, я думал, что за это время «многое стало понятным» и другим теоретикам международных отношений. Начал изучать современную литературу и крайне удивился тому, что в ней до сих пор обсуждаются проблемы 30-летней давности. Хотя кое-какие новшества все-таки появились. Прежде всего, уже ни одна

---

1. *Booth and Smith* (eds.). International Relations. Theory Today, p. 340.

работа не обходится без слова *глобализация*. Благодаря неугомонности женщин, отстаивающих свои права, появилось еще одно течение — *феминизм в теории международных отношений*. Старые же классические школы обогатились за счет приставки нео: неолиберализм, неореализм. Эти «нео» в какой-то степени отражают нюансы, которые внесли ученые в свои теории в результате распада биполярной системы и возникновения однополярной. Появились новации и в старом споре о границах между внутренней и внешней политикой — поставлен вопрос: брак между гражданами разных стран это акт международных отношений или нет? Следующим этапом, не исключаю, будет анализ того, является актом международных отношений избиение иностранца либо драка между фанатами из различных стран или это все-таки войдет в раздел местной криминальной хроники.

Когда я просматривал современные работы по международным отношениям и сравнивал их с работами 20–30-летней давности, у меня невольно закрадывалась мысль: а не являются ли подобные детализация и фрагментация сознательным актом с целью искусственного сохранения проблем, которые можно обсуждать бесконечно, обеспечивая себе безбедное существование? Неужели, подумал я, Наум Чомски был прав, когда писал: «Интеллектуалы делают карьеру, пытаясь простые вещи сделать сложными, поскольку это является одним из способов получать зарплату и т.д.»[1]. Подозреваю, во многих случаях это так и есть.

Как бы то ни было, благодаря тому, что практически все проблемы теории международных отношений до сих пор оказались нерешенными, я осмелился написать труд, в котором сделана попытка не просто ответить на постоянно обсуждаемые проблемы-вопросы, но и сконструировать некий каркас науки, которую я обозначаю на русском языке термином *Мирология*, т.е. наука, или учение о мире. На английском языке она будет называться *worldscience*, на немецком — *Weltlehre* или *Weltwissenschaft*[2], на

---

1. Understanding power. The Indispensable Chomsky, p. 211.
2. Следует, правда, отметить, что один из немецких теоретиков-между-

японском и на китайском предположительно sekai kagaku и shijie kexue (世界科学).

Поначалу у меня было искушение назвать предмет мировидение по аналогии с немецким *Weltanschauung*, но такое название предполагало бы простую созерцательность происходящего на мировой арене. «Видеть» — это все-таки не наука. В результате предмет исследования я определяю следующим образом:

Мирология — это наука о мире, изучающая все явления и закономерности, происходящие на мировой арене, и отвечающая на один вопрос: в каком направлении движется человечество?

Эта наука опирается на различные научные подразделения, хотя и взаимосвязанные между собой, но имеющие свою исследовательскую нишу, в которых вскрываются специфические законы, касающиеся судьбы всего человечества. Среди таких подразделений можно назвать науковедение, демографию, культурологию, экологию и др.

Сразу же есть смысл оговорить два важных качества, отличающие Мирологию от других наук. Разграничение, или классификация наук не простое дело. Ею занимались крупные философы, начиная с Аристотеля, римский энциклопедист Марк Варрон, средневековый мыслитель Гуго Сен-Викторский, Роджер Бэкон, Френсис Бэкон, занимаются ею и современные науковеды. Классификация наук различается в зависимости от как исторического времени, так и конкретных стран. В настоящее время количество наук в области обществоведения (плюс гуманитарные науки) варьируется от 20 до 25, но среди них нет науки о мировых, или международных отношениях. И ее не может заменить социология,

---

народников, Матиас Альберт, также вовлечен в создание науки под названием Wissenschaft vom Globalen (досл. — наука о глобальном, нечто типа научной глобалистики). О нем см.: *Holden*. The state of the art in German IR.

которую, как уже говорилось, некоторые распространяют и на международные отношения.

Чтобы понять, чем отличается Социология от Мирологии, надо выяснить, что такое Социология. Определений много, но здесь воспроизведу определение авторитетного социолога Энтони Гидденса. Оно короткое: «Социология — это наука о социальной жизни групп и сообществ людей»[1]. В Мирологии же речь идет *о жизни человечества*. В этом главное ее отличие. Но не только.

Осями координат Мирологии являются категории *сила* и *прогресс* в системе мировых отношений. И первый и второй термин среди теоретиков имеет множество интерпретаций, которые будут проанализированы в соответствующих разделах. В связи с этим важно проследить, в каких явлениях мировой системы обнаруживает себя онтологическая сила и движется ли мир по пути прогресса. Я предполагаю строить свой подход главным образом через анализ политэкономии мировых отношений. Причина такого принципа будет ясна в дальнейшем. Здесь же хочу отметить еще один момент.

Некоторые теоретики определяют политэкономию международных отношений как одну из составных частей общей теории мировых отношений. Я же исхожу из того, что все явления мировой истории являются отражением политики и экономики, которые соответствуют каждой отдельной эпохе и каждой человеческой общности, начиная с первобытных обществ до современных государств. Базовые сущности этих двух фундаментальных категорий можно проследить в любом явлении, даже в таком размытом, как *любовь*[2]. В данной конкретной работе областью использования этих двух категорий будут мировые отношения с анализом всех их элементов, которые определяют современное состояние этих отношений и их будущее, по крайней мере на глубину до середины века. Детальное объяснение контура предмета исследования будет

---

1. *Гидденс*. Социология, с. 17.
2. *Бэттлер*. О любви, семье и государстве.

сделано в соответствующем разделе на фоне критического анализа взглядов оппонентов данного подхода.

Сразу же хочу оговориться, что многие фрагменты, включенные в эту работу, были разбросаны у меня в различных статьях и монографиях. Но поскольку я не уверен, что эти работы доходили до читателя, держащего данный труд в руках, я вынужден был вновь собрать их и воспроизвести некоторые из них в соответствии с логикой построения данной монографии. В частности, это относится к описанию категории *силы* на онтологическом, органическом и общественном уровнях. Это же касается понятия прогресса и двух начал (законов) общественного прогресса, разобранных мной в монографии «Общество: прогресс и сила». Повторяю я и критический разбор подхода некоторых школ к понятиям *сила* и *интерес*.

В целом же идея данной монографии заключается в том, чтобы, выражаясь термином А. Богданова, попытаться «организовать» науку о мире, которая должна обладать всеми качествами, требуемыми для выделения определенной области знаний в разряд науки.

Я отдаю себе отчет в том, что наука не создается одним человеком и в короткое время. Любая наука складывается на протяжении многих лет, иногда и столетий, пока накопленные факты, теории, закономерности в той или иной области не наберут определенную «массу» (это прежде всего категориально-понятийный аппарат), которая позволяет утверждать: появилась новая наука. Никто не укажет конкретную дату возникновения физики, химии, биологии, экономики и т.д. Но любой историк науки может обозначить ту или иную научную величину, вклад которой и провоцирует скачок в превращении дисциплины в науку. Иоганн Кеплер — астрономия, Галилео Галилей и Исаак Ньютон — механическая физика, Карл Маркс — экономика, Норберт Винер — кибернетика и т.д.

В этой связи необходимо сделать еще одно замечание. Некоторые теоретики, скептически относящиеся к возможности формирования науки о мире, путают науку с теорией. Так, американка Джин Беске Эльстайн с присущей женщинам эмоциональностью полагает: «я считаю, что не может быть создана великая, формализованная, универсальная теория международной политики... сами поиски всеохватывающей теории сомнительны»[1]. Социолог права в том смысле, что нет ни одной универсальной теории, которая покрывала бы всю науку. Более того, не только теория, но и сама наука не может быть универсальной, объясняющей все и вся. Подобного типа скептицизм вызывается тем, что очень многие исследователи не очень понимают функциональной роли тех или иных методов познания, включая один из них — теорию.

Есть смысл сразу же информировать читателя о том, что все мое исследование строится на базе гносеологии, или эпистемологии, разработанной классиками марксизма-ленинизма. Другими словами — на основе марксистско-ленинской теории познания. Я прекрасно осознаю, что таким заявлением сразу же резко сокращаю количество потенциальных читателей, особенно в странах развитого капитализма, поскольку здесь идеология всех видов общественных наук строится как раз на противостоящих марксизму философиях, которые в конечном счете вытекают или упираются в идеализм и религию.

Многим такое заявление может показаться особенно вызывающим или как минимум непродуманным именно в наше время, когда совсем недавно марксизм-ленинизм с треском провалился вместе с распадом СССР и стран социалистического содружества в Восточной Европе. Действительно, буржуазные ученые всех стран с нескрываемым удовлетворением объявили о «коллапсе» не только «коммунизма», но и всей марксистско-ленинской идеологии, на которую этот «коммунизм» опирался. Это событие продемонстрировало, по словам Криса Брауна, «очевидную несостоятельность марксизма»[2]. Постоянно повторяется мысль, что исследования на основе марксизма были неглубоки и поверхностны. В ответ на это сразу

---

1. См.: *Booth and Smith* (eds). International Relations. Theory Today, p. 271.
2. Ibid., p. 101.

Введение

же напрашивается вопрос: чем концепции «неореализма» или «неолиберализма» в рамках теории международных отношений глубже идей марксистов? Или идей любой другой школы, исследующей международные отношения? Практически все теоретики и вообще исследователи-международники признают, что ни одна из школ так и не сумела создать стройную науку о международных отношениях.

Утверждения о «несостоятельности» марксизма имели бы хоть какой-нибудь смысл, если бы противники этой теории изучали работы Маркса, Энгельса или Ленина. Фактически ни один из них не удосужился проштудировать ни «Капитал», ни «Диалектику природы», ни «Материализм и эмпириокритицизм». В какой-то степени для теоретиков международных отношений это извинительно, поскольку, действительно, ни Маркс с Энгельсом, ни Ленин не занимались теорией международных отношений, у них нет специальных работ на эту тему. На это обратили внимание и некоторые западные исследователи марксизма, в частности английский международник Бэри Джилс, который справедливо писал: «Карл Маркс никогда в полном объеме не исследовал международные отношения как таковые, и это, возможно, является его единственным величайшим упущением во всем массиве его работ»[1]. На это указывают и другие ученые из Англии. Так, в своей довольно обширной монографии Вера Кубалкова и А.А. Крукщанк писали: «Основная причина трудности в изучении идей Маркса в области международных отношений, кажется, заключается в том, что он уделял им весьма малое внимание... Наверное, можно сказать, что идеи Маркса по данному предмету никогда не были сформулированы и собраны в одном месте»[2]. Если с последним утверждением можно согласиться, то первое не совсем верно, поскольку Маркс и Энгельс писали немало на тему внешней политики, к примеру, Великобритании или царской России. Другое дело, у них нет, я подчеркиваю, *специальных* теоретических работ по международным отношениям. Но марксизм не

---

1. *Gills.* Historical Materialism and International Relations Theory, p. 1.
2. Цит. по: *Gills*, р. 4.

случайно в XX веке стал называться марксизмом-ленинизмом, что отразило теоретический и практический вклад Ленина в теорию марксизма. Его работы по империализму непосредственно затрагивают сферу мировых отношений. И если классики теории международных отношений, такие как Ганс Моргентау или Кеннет Уолц, хотя и критически, но вовлекали ленинские работы по империализму в свой анализ международных отношений, то современные теоретики игнорируют их, возможно, даже и не зная о них.

Оставим классиков в покое. Но ведь западные теоретики, за крайне редким исключением, говоря об «упрощенности» марксизма в анализе международных отношений, не читали работ и советских марксистов–теоретиков международных отношений. Что мне придется подтвердить на фактах.

И тем не менее вопрос действительно актуальный, если поставить его в таком ключе: сохранилось ли в современном мире значение терминов *буржуазная* и *марксистско-ленинская* наука?

А в этой связи есть смысл поставить вопрос еще шире: а вообще сохранились ли марксистское мировоззрение и марксистская наука, существуют ли они где-нибудь в принципе, коль произошел коллапс «коммунизма»? Очень многие буржуазные ученые, как ни странно, особенно в России, полагают, что таких мировоззрения и науки уже нет. При этом почему-то от их внимания ускользает такая держава, как Китай, народ которой, как записано в его Конституции, «в своих действиях руководствуется марксизмом-ленинизмом, идеями Мао Цзэдуна и теорией Дэн Сяопина». И научные работы по обществоведению, в том числе и в области международных отношений, базируются главным образом на указанных идеологических основах, хотя и с привлечением некоторых модных идей из арсенала западных теорий международных отношений.

Исследователям, претендующим на объективность, не следует упускать из виду, что поскольку существуют капитализм и социализм (последний не только в КНР, но даже и внутри некоторых капстран), следовательно, существуют и идеологи той и другой формации, каждая из которых пытается научно обосновать объективную правомерность «своей» системы.

Любой человек, соприкоснувшийся с обществоведческой литературой, легко распознает мировоззренческую позицию автора, которая в XX веке четко определялась двумя идеологическими подходами: буржуазным и марксистским. Понятно, что на буржуазных позициях стояли преимущественно авторы капиталистического лагеря, на марксистских — социалистического. Правда, это в принципе не исключало «ренегатов» в той и другой системе. После распада социалистического содружества в конце XX века количество марксистов-обществоведов в мире поубавилось, если не считать громадное количество марксистов в Китае, которые исповедуют марксизм с сильно окрашенной «китайской спецификой». «Поубавилось» не означает, что они вообще исчезли или исчезла марксистская наука. В свое время после поражения первых буржуазных революций на Западе буржуазные идеологи и ученые продолжали освещать «свет будущего», т.е. капитализма, так и современные марксисты продолжают развивать свои теории, извлекая уроки из поражений государств, развивавшихся на базе марксизма-ленинизма.

Другими словами, и в XXI веке сохраняется качественная мировоззренческая разница между учеными — адептами капитализма и учеными — приверженцами коммунизма. Сохраняются и их базовые научные методологии, определяющие процесс познания окружающего мира. В основе любого мировоззрения обычно лежат некие представления о мире, которые в обобщенном виде концентрируются в философии. Последняя так или иначе оказывает воздействие на умострой ученого, даже когда он сам этого и не осознает. Данное утверждение хорошо прослеживается и на взглядах буржуазных ученых, занимающихся теориями международных отношений.

При подготовке данной монографии я обращался к работам многих авторов из различных стран, но главным образом США и Великобритании, поскольку именно в этих странах теория международных отношений получила наибольшее развитие. Неслучайно исследователи Германии, Франции, Японии и некоторых других стран также опираются на авторов англосаксонского ареала, с которыми они ведут спор по одним и тем же проблемам. По-иному обстоит дело с учеными из КНР. Их теории четко вытекают из формулировок партийных документов ЦК КПК или очередных съездов партии. Споров среди них почти нет, есть «установки», которые не просто расшифровать, не зная нюансов китайской научной кухни. В соответствующем месте я попробую это сделать.

Будучи родом из СССР, я не могу не отреагировать на работы ученых-теоретиков из современной России, а также на труды советских ученых, являвшихся значимыми фигурами в исследованиях по международным отношениям. Поскольку Запад не только не переводил советских работ по данной тематике, но и не обсуждал эти работы, даже в критическом варианте, то я вынужден буду воспроизвести некоторые споры, которые я сам вел, например с таким крупным теоретиком, каковым является Э.А. Поздняков. Что удивительно, тема этих споров до сих пор остается актуальной и на Западе.

План задуманной обширной работы представляется следующим:

Том I. Введение в Мирологию

- Книга 1. Философия Мирологии
- Книга 2. Онтологические и гносеологические основы Мирологии: сила и прогресс

Том II. Мирология: борьба всех против всех

- Книга 1. Теории международных отношений (критика)
- Книга 2. Проблемы теорий международных отношений и их решения

Том III. Мирология: становление науки

- Книга 1. Формирование и реализация внешней политики (понятия и категории)

- Книга 2. Мировые отношения (понятия и категории)

Том IV. Мирология: политэкономия мировых отношений

Том V. Мирология: куда движется человечество?

- Книга 1. Основные проблемы мировых отношений
- Книга 2. Опыт прогноза мировых отношений до середины XXI века

Хочу предупредить читателя о том, что этот план может измениться в ходе написания или дополнения тем к основным частям работы по чисто научным причинам или в зависимости от внешних обстоятельств, связанных с различными жизненными перипетиями, которые трудно предусмотреть заранее. Во всяком случае, на момент издания первых книг о науке Мирологии, план таков.

Я осознаю, что этот труд вызовет неприятие как со стороны буржуазных теоретиков, так и тех, кто причисляет себя к неомарксистскому крылу, или, шире, к левым течениям в теориях международных отношений. Прекрасно! Я готов выслушать все суждения, если они будут оплодотворены научным содержанием. И с удовольствием готов ответить на такую критику. Если же эта критика будет носить чисто идеологический, пропагандистский характер, она тоже не останется без ответа, адекватного стилю и формам критикующего. Мои научные учителя рекомендовали мне уважать своих научных врагов и не щадить идеологических. Я хорошо усвоил их рекомендации.

КНИГА I

ФИЛОСОФИЯ МИРОЛОГИИ

Глава 1

Философские основы теорий международных отношений

1. Классики прагматизма и позитивизма

Почти с самого начала изучения теории международных отношений мне бросилось в глаза не только наличие множества школ и направлений, но и мелкотемье проблем, которые ими затрагиваются. Некоторым же вопросам, решение которых вообще не требует никаких интеллектуальных усилий, например проблеме «субъектности международных отношений», придается настолько гипертрофированное значение, что возникает впечатление, будто от их решения зависит чуть ли не судьба всего мира. Долгое время я не понимал, почему это происходит, пока некоторые работы не стали предваряться философскими рассуждениями при обосновании последующей позиции по тем или иным проблемам международных отношений. Только тогда я сообразил, откуда растут ноги указанного явления и почему все теоретики любят ссылаться на Канта и крайне редко — на Гегеля.

Несмотря на множество школ и течений в США, все они попадают в разряд буржуазной идеологии, которая взращивалась на идеях классиков американского прагматизма и позитивизма. В первую очередь Чарльза Пирса, Вильяма Джеймса, Джона Дьюи. И хотя после них появилось много новых имен — например, Мэри Калкинс (персонализм), Рой В. Селларс (эволюционный натурализм), Сидней Хук (прагматист-инструменталист), Кларенс И. Льюис (концептуальный прагматизм) и др., в своих фундаментальных положениях «наследники» недалеко ушли от «отцов-основателей». Их философия покоится главным образом на здравом смысле, без гегелевского «бреда» (=диалектики). Такой подход очень понятен простому американцу, который не только прагматик по натуре, но в душе еще и мистик, постоянно соприкасающийся с богом. В соответствии с философией Пирса, которая как нельзя лучше отвечала подобным свойствам американца, в природе причинно-следственных связей не существует, а есть «произвольная детерминация и случайность»[1]. В основе логики и действительности у прагматика лежит нечто, которое, естественно, непознаваемо. А познаваемо то, что находится в сфере непосредственного наблюдения.

Вильям Джеймс тем же самым идеям, которые Пирсом были изложены в неясных и расплывчатых словоупотреблениях, придал отчетливую словесную четкость. Основную идею Джеймса, что́ есть истина с точки зрения прагматизма, его последователь Мортон Уайт в концентрированной форме сформулировал следующим образом: «Истинно то, во что мы должны верить; то, во что мы должны верить, — это то, во что нам выгодно верить; следовательно, истинно то, во что нам выгодно верить»[2]. В целом Джеймс истинность отождествил с полезностью, полезность с выгодой[3]. Если же копнуть в глубины его философии, то в конечном счете получится классический субъективный идеализм, выраженный генеральной идеей: существовать — значит быть воспринимаемым. Да здравствует епископ Беркли! Правда, в отличие от Беркли американцев сама проблема воспринимаемой истины все-таки больше волновала через призму выгоды. Английский философ Морис

---

1. Непредсказуемость случайности впоследствии очень хорошо легла в теорию синергетики Пригожина, которая стала одним из популярных подходов, рекомендуемых и для ТМО.
2. Цит. по: Богомолов. Буржуазная философия США XX века, с. 292.
3. James. Pragmatism. In writings 1902-1910, p. 574–5.

Глава 1
Философские основы теорий международных отношений

Корнфорт справедливо замечает:

> Джеймс и прагматисты никогда не утверждали, что истиной каждый может считать все, что угодно. Они говорили, что истинным можно считать все то, что *окупается*. В счет идут определенные и осязаемые результаты и результаты, обладающие «наличной стоимостью». Прагматический «идеализм действия» внушает то, что Джеймс называл «нашей общей обязанностью делать то, что окупается»[1].

Сила же самого Джеймса, как удачно подметил советский философ А. Богомолов, заключалась в том, что он «как никто до и после него, возвел в ранг глубочайших философских истин обыденные представления обыденного сознания американской буржуазии»[2].

Известный американский историк и психолог Стюарт Хьюз обращает внимание на другую сторону прагматизма. В главке «Десятилетие 1890-х годов: протест против позитивизма» он пишет: «"Антиинтеллектуализм" фактически был эквивалентен джеймсианскому прагматизму»[3]. «Уникальная ирония, — продолжает автор, — заключалась в том, что то, что начиналось как ультраинтеллектуальная доктрина, стало фактически философией радикального антиинтеллектуализма» (с. 39). Несмотря на противодействие «интеллектуалам», философия прагматизма распространилась во многих странах Европы и продолжала процветать в Новом Свете, в том числе и благодаря такому яркому ее представителю, как Джон Дьюи.

Правда, Дьюи больше скатывался к «инструменталистскому» крылу позитивизма, хотя большой разницы между прагматизмом и позитивизмом нет, поскольку в этом течении под другим ракурсом и в иных терминах утверждается та же самая идея: мир непознаваем, философские понятия не нужны, прогнозировать ничего не возможно и божественное надо познавать через божественное.

---

1. Цит. по: Корнфорт. В защиту философии, с. 248.
2. Богомолов, с. 80–1.
3. Hughes. Consciousness and Society, p. 36.

Последнее четко выражено персоналисткой Мэри Калкинс, которая, предварительно выразив согласие с Беркли, Юмом, Гегелем и Ройсом, Пирсоном и Махом, утверждала:

> 1. Вселенная содержит специфические духовные реальности... Я... присоединяюсь к большинству философов в утверждении, что существуют духовные субстанции, а следовательно, к оппозиции материалистическому, к сведению духовного к недуховному... 3. Вселенная не только включает духовные реальности, но «насквозь духовна по своему характеру, так что все реальное в конечном счете духовно, а следовательно, лично по своей природе»[1].

Идею о невозможности предвидеть и прогнозировать будущее высказывали все философы из этого ряда, но наиболее четко ее выразил Отто Нейрат, который одну из своих статей заключает утверждением: «Все будет развиваться таким образом, который мы не можем сегодня даже предвидеть. Такова наша судьба»[2].

В целом же идею позитивизма Морис Корнфорт выразил следующим образом: «Под позитивизмом я разумею такое философское течение, которое, соглашаясь с тем, что все знания основаны на опыте, утверждает в то же время, будто знание не может отражать объективную действительность, существующую независимо от опыта»[3].

Помимо различных форм идеализма всех этих философов (за исключением упомянутого Селларса) объединяет открытый или скрытый антимарксизм и антиматериализм. Это и понятно, поскольку сам процесс возникновения подобных идей был стимулирован именно борьбой против широко распространившегося в XIX веке антикапиталистического марксизма, а в XX веке — против враждебного западному миру Советского Союза. Как совершенно справедливо подметил американский философ-марксист Гарри Уэллс,

---

1. Цит. по: *Богомолов*, с. 125.
2. Цит. по: *Корнфорт*, с. 155.
3. Там же, с. 3.

Глава 1
Философские основы теорий международных отношений

главным источником силы прагматизма является организованная сила класса капиталистов. Вся мощь государств, вся его сила, весь аппарат насилия, все средства общения стоят за спиной прагматизма[1].

Я не собираюсь здесь вдаваться в критический разбор обозначенных философских направлений, которые существуют под другими названиями в современной философии, тем более что в свое время они были весьма профессионально раскритикованы не только советскими философами, но и западными философами-материалистами, включая американцев (Г. Уэллс). Критиковать их было несложно из-за их методологической слабости и сущностной несостоятельности. Блестящим примером критики является работа В.И. Ленина «Материализм и эмпириокритицизм». Ленин в пух и прах разбил европейских и русских эмпириокритиков Маха, Авенариуса, Освальда, А. Богданова, т.е. теорию эмпириокритицизма, родную сестру прагматизма и позитивизма. Стоит также отметить, что наиболее крупные ученые-физики начала XX века оценивали идеи эмпириокритицизма не менее негативно, чем Ленин и другие марксисты. Так, Макс Планк в одной из своих работ писал:

> ...ход мыслей передовых умов был бы нарушен, полет их фантазии ослаблен, а развитие науки было бы роковым образом задержано, если бы принцип экономии Маха действительно сделался центральным пунктом теории познания[2].

И дело не только в махизме. Дело в несоответствии представлений о научной истине ее объективности как отраженной реальности, присущих даже таким великим ученым, как Людвиг Больцман, Альберт Эйнштейн, Макс Планк и др. Все виды позитивизма так или иначе являются вариантами идеализма. В этой связи понятно крайне негативное отношение физика Стива Вайнберга, лауреата Нобелевской премии, к философии. Очевидно, он сталкивался только с философией прагматизма или позитивизма.

---

1. *Уэллс*. Прагматизм — философия империализма, с. 258.
2. Цит. по: *Чудинов*. Природа научной истины, с. 55.

Конечно, я не стал бы сейчас употреблять, говоря о прагматизме или позитивизме, привычные для того времени ярлыки типа «системы словесного надувательства», «схоластические упражнения», «главари современного позитивизма» и т.д. Эти философии, безусловно, отражали объективные реальности становления капитализма и тогдашнего империализма, их идеологию, но они отражали и определенный тип мышления, характерный для того или иного народа, не столь откровенно порождаемый базисными структурами общества. И речь не только о культуре мышления, но и о психологии человека, в душе которого всегда сохраняется тяга к мистике и загадкам. К тому же философия дает такой простор для интерпретаций, что из одного и того же суждения можно вывести различные умозаключения. Например, Дьюи утверждает: «Поиски достоверности становятся поисками метода достижения власти»[1]. Эту фразу можно интерпретировать как утверждение о том, что истинным (=достоверным) является только то, что в конечном счете узаконивается властью. Для философа-марксиста это звучит как ложное утверждение, поскольку истина/достоверность заложена в самой сущности/природе, а не во внешней воле. Но если не вдаваться в глубокие философские дебри, то прав Дьюи. Например, марксизм считался истинным в Советском Союзе и ложным в США. Как говорил один персонаж из платоновского «Чевенгура», «ваша власть, вам видней». Так что в утверждении Дьюи есть определенный прагматический смысл. Но я могу этот постулат интерпретировать как верный и с философской точки зрения. Власть (здесь Дьюи употребил слово *power*) может означать силу. Если некто нашел методы для достижения силы, а сила — это один из атрибутов бытия, т.е. онто́бия, то путем достижения этой силы (которая в общественных отношениях проявляет себя в виде знания) постигнута достоверность/истина в каком-то сегменте окружающего бытия. Что такое онто́бия, будет сказано в специальном разделе. Здесь я хотел только подчеркнуть, что даже ложные философские течения или направления являются полезными, а иногда

---

1. Цит. по: *Корнфорт*, с. 218.

Глава 1
Философские основы теорий международных отношений

и весьма плодотворными. Например, позитивистская семантика породила семиотику, оказавшуюся крайне полезной для развития информатики и в целом кибернетики. Вот из каких «мыслительных глубин» рождаются многие идеи, которые чуть ли не целый век оплодотворяют ТМО.

В связи с философией позитивизма есть смысл отметить и такую вещь. Может сложиться впечатление, что позитивизм подвергался критике только в Советском Союзе и западными марксистами. Это не так. Он попал под огонь критики и современных теоретиков, неистово выступающих против школы «политического реализма», поскольку последний опирается на позитивизм. Для них позитивизм привязан только к реальности, только к фактам, только к природе, совершенно игнорируя историю, природу человека, общество. Обычно антипозитивисты состоят из ученых, пропитанных идеями Франкфуртской школы (Макс Хоркхаймер, Теодор Адорно), а также Грамши и даже Маркса. Одним из таких ученых является канадский профессор Марк Нойфелд, который сам отстаивает теорию рефлексивизма, о чем речь пойдет ниже[1].

Завершая данный параграф, я хотел бы обратить внимание читателя на такой необычный факт. Молодые теоретики международных отношений, очевидно, не обременяя себя чтением трудов классиков позитивизма, воспринимают его весьма своеобразно. Например, австралийский теоретик Мартин Грифитс пишет:

> Позитивизм — это философское движение, делающее упор на науку и научные методы как единственные источники знания, на острые различия между набором фактов и ценностями и отличающееся стойкой враждебностью в отношении религии и традиционной философии. Позитивисты верят, что существуют только два вида источников знания (как противовес мнениям): логические рассуждения и эмпирический опыт[2].

---

1. См.: *Neufeld*. The Restructuring of International Relations Theory.
2. *Griffiths* (ed). International Relations Theory for the Twenty-First Century: An Introduction, p. 6.

Если бы не дальнейшие рассуждения названного автора о целях знания и его места в системе науки и реальности, я подумал бы, что была описана марксистская наука. Конечно, это не так. Но важно то, что молодые ученые хотят видеть даже в позитивизме действительно научное, объективное, придавая эти качества даже тем «измам», которые ими не обладают. Это положительная тенденция в достижении научных истин.

2. Нео/постпозитивисты и другие

Хотя, как уже было сказано, о философских основах своих теорий международных отношений стали чаще писать сами теоретики, но в обобщенном виде взгляды современных теоретиков представил американский ученый Патрик Джексон в весьма интересной монографии, которая так и называется «Руководство к исследованиям международных отношений: философия науки и ее применение для изучения мировой политики»[1].

Джексон указывает, что почти 90% современных работ строятся на основе философии неопозитивизма без углубления в саму ее суть, а анализируя ее проявления через науковедческие понятия о том, что такое наука, какие цели она ставит и какие методологии и методы использует. Взяв за основу две координаты — методологию и онтологию как главный предмет исследования, он объединил различные направления в четыре группы: *неопозитивизм, аналитизм, критический реализм* и *рефлексивизм*. Здесь не важно, насколько обоснованным является подобное деление, важно отношение представителей указанных направлений к основам научной философии и их воззрения на ключевые категории философии и науковедения. Пройдемся коротко по обозначенным Джексоном направлениям.

Неопозитивизм. Автор сразу же указывает, что это направление является «отчим домом всей теории международных отношений», в особенности покрывающей такую область исследований, как проблемы демократического мира. Неопозитивисты, хотя довольно нейтрально относятся к проблеме истины-ценности эмпи-

---

1. *Jackson*. The Conduct of Inquiry in International Relations: Philosophy of Science and its Implications for the Study of World Politics.

рических предпосылок, в то же время постоянно *оценивают* эмпирические феномены, включая и проблемы демократического мира. Это означает, что их методология носит оценочный характер, малосовместимый с научным, т.е. беспристрастным подходом. Такая методология обусловлена философско-онтологической позицией неопозитивизма, который по-своему решает старую проблему, когда-то поставленную еще Декартом: проблему дуализма разума-мира (mind-world)[1] и феноменализма. Как известно, у Декарта эта проблема решается в пользу разделености разума (иногда говорят *сознания*) и мира. У неопозитивистов — аналогичный подход, который они, скорее всего, заимствовали у Карла Поппера, Томаса Куна или Имре Лакатоса (кстати сказать, их лексический арсенал довольно основательно вошел в словарь теоретиков международных отношений). Джексон приводит в этой связи одну цитату из работы Куна: «Понятия совместимости онтологической теории с "реальным" миром в природе кажутся мне сейчас иллюзорными в принципе»[2]. (В ранних работах ему так не казалось.) Тем не менее его разум в состоянии сконструировать некую доктрину, отражающую или по крайней мере соответствующую реальному миру. Но *понять* этот мир на сущностном уровне, по мнению Джексона, невозможно. В подтверждение этой мысли он приводит действительно красноречивую цитату из совместной работы трех неопозитивистов — Гарри Кинга, Роберта Коэна и Сиднея Верба:

> Неважно, насколько прекрасны были намерения (или планы), неважно, сколько информации мы собрали, не важно, насколько проницательный был наблюдатель, неважно, насколько прилежны научные ассистенты, неважно, как много раз мы осуществляли экспериментальный контроль, мы никогда не узнаем наверняка причинную суть наших умозаключений[3].

---

1. В данном контексте под словом «мир» Декарт и последующие дискутанты понимали объективную реальность.
2. Цит. по: *Jackson*, p. 55.
3. Ibid., p. 66.

Глава 1
Философские основы теорий международных отношений

Обобщающий вывод Джексона таков: неопозитивизм привязывает знания к представлениям. Хотя знания и соотносятся с *миром, независимым от разума*, неопозитивизм тем не менее не утверждает, что знания восходят непосредственно к опыту взаимодействия с миром, но ограничивает знания теми объектами, которые мы можем понять. Другими словами, неопозитивизм требует способов создать мост над брешью между разумом и миром, признавая ограниченность знания в опыте.

Этот вывод постоянно опровергается практикой хотя бы освоения космоса, которое было бы невозможно без знания множества фундаментальных физических и технических законов. Но у неопозитивистов свое видение мира, которое отделено у них от их сознания, что позволяет им конструировать в своем мозгу любые «миры», даже те, которых нет в реальности[1]. В основе философии неопозитивизма лежат два постулата: разделение разума-мира и ограниченность знаний в сфере феноменального опыта.

Хочу сразу же подчеркнуть, что так понимает неопозитивизм Джексон. У других международников иная интерпретация позитивизма и неопозитивизма, с чем придется столкнуться впоследствии неоднократно.

Критический реализм. По мнению Джексона, критический реализм проявил себя в философских дебатах именно в последние несколько лет как бы в ответ на разговоры о бифуркации, которые, правда, были более популярны в 1980-е и начале 1990-х годов. Тогда вспыхнули «третьи дебаты» между сторонниками бифуркации и неопозитивистами, но, по выражению Иосифа Лапида, они носили характер «диалога глухих». Своего рода примирителем значительно позже пытался выступить Александр Вендт, хотя и с не-

---
1. Такой подход характерен для сознания ребенка, который наделяет игрушки (объект) человеческими качествами, т.е. не как объект, независимый от его сознания, а как объект, который сложился в его сознании. Другими словами, ребенок наделяет игрушки теми качествами, которыми они не обладают. В результате объект-игрушка превращается в то, что создано сознанием ребенка. Это и есть позитивизм.

сколько необычных позиций. Точнее, позиция та же самая, идеалистическая, но с эмпирическим уклоном. А это уже прагматизм. Вендт крайне негативно отнесся к спорам гносеологического характера в сфере социальной науки, считая их просто потерей времени и утверждая, что

> ни позитивизм, ни научный реализм, ни постструктурализм ничего не скажут нам о структуре и динамике международной жизни. Философия науки не является теорией международных отношений[1].

Последней фразой он хотел сказать, что философия, точнее гносеология, вообще не нужна теоретикам международных отношений.

На самом же деле такая постановка вопроса, по мнению Джексона, и есть философская онтология, поскольку отделение знания о мире от самого мира ведет как раз к философской конструкции дуализма разума–мира (ibid., p. 74). Но в данном случае «перевес» на стороне мира, который надо воспринимать как он есть, не гадая, *почему* он есть.

Другим моментом, позволяющим Джексону отнести Вендта к картезианским дуалистам, является отрицание феноменализма в пользу трансфактуализма. Последний, в толковании Джексона, означает «понятие чисто теоретического знания (достигнутого без опыта) и отражает способность постигнуть более глубоко причинные сущности (свойства), которые дают толчок (ведут) этим опытам» (ibid.).

Сама по себе концепция трансфактуализма противоречит эмпиричности Вендта, который больше доверяет фактам реальности, чем знаниям о них. Но этого противоречия, видимо, не замечают другие критические реалисты, которые, правда, не вступали в чисто философские споры, как Вендт. В частности, речь идет о Рое Бхаскаре, Маргарет Арчер и Марио Бунге. В центр их внимания попала «проблема ненаблюдаемости» (the problem of unobservables). Она проявляется, в частности, в следующем примере, приведенном Вендтом: «…социальные отношения, которые

---

1. Цит. по: *Jackson*, p. 72.

Глава 1
Философские основы теорий международных отношений

создают государства как государства, будут потенциально ненаблюдаемы» и поэтому потребуют «неэмпирического понимания систем структур и структурного анализа». Критические реалисты ухитряются эти объекты превратить в реальность (иначе рассыпается их базовая посылка эмпиризма). Вообще-то они, видимо, не замечая этого, затрагивают целый комплекс абстрактных понятий и категорий, давно разъясненных Гегелем. Но поскольку Гегель для них — «бред», посмотрим, как они решают эту задачу «наяву».

В этой связи они приводят уже затасканный пример с Невидимом драконом, когда-то озвученный известным популяризатором космических чудес Карлом Саганом. Суть в следующем: какая-де разница между летающим драконом, который бессердечно изрыгает огонь, и невидимым, бестелесным, то есть вообще отсутствующим? Если у вас нет убедительных доказательств существования обоих драконов, тогда ответ на вопрос — разницы нет. Но неспособность опровергнуть какую-либо гипотезу совсем не означает, будто тем самым доказано, что она не истинна, то есть ложна. Утверждения, которые не могут быть проверены, или суждения, невосприимчивые к опровержению, являются действительно бесполезными, как бы они ни вдохновляли или вызывали ощущения чуда. И Саган при встрече с такими явлениями советует: «Я прошу вас просто поверить в это даже при отсутствии доказательств» (ibid., p. 78). В таком же ключе рассуждают многие критические реалисты.

«Тайна дракона» легко объясняется гегелевской диалектикой, взятой на вооружение марксизмом. Это взаимоотношения между бытийной и понятийной реальностями, или взаимосвязями между онтологическими категориями и общественными понятиями, а также их взаимосвязями и переходами. «Тайна дракона», так же как и тайна бога и всех других абстрактных понятий, давно решена в марксистской теории отражения, к которой я вынужден буду обратиться в соответствующем разделе.

Прежде чем дать объяснение феномену «невидимого дракона», следует посмотреть, как критические реалисты выходят из этой ситуации. Сам Джексон решает это так. С научной точки зрения эту проблему решить нельзя, поскольку нет способов подтвердить или фальсифицировать (по Попперу) его существование. И дело в том, что «дракон» необозреваем «в принципе», а не потому что мы его обозреваем и не видим, и не потому что у нас нет специального аппарата для его обозрения. «Нечто в самой природе дракона, — пишет Джексон, — препятствует ему демонстрировать себя в реальности» (ibid., p. 79). Но, дескать, дракон — сказочный случай, а вот современная физика дает не менее странные варианты «делокализации» фундаментальных частиц в квантовых состояниях, а также частиц в вакуумной среде, указывает Джексон, ссылаясь при этом на Дэвида Бома. Сам Джексон, видимо, обескуражен. Он пишет:

> Совершенно неясно, как независимые связи предполагают существование реальных, но ненаблюдаемых объектов; и еще менее ясно, как свойства (качества) и целостности, которые могут быть «постигнуты через концептуализацию», являться необозреваемыми совсем. Чтобы понять суть методологических последствий критического реализма, эти двойственности необходимо рассмотреть (ibid., p. 82).

И вот, оказывается, что выручает критических реалистов — метод вероятностного (абдуктивного) заключения (*abductive inference*). В отличие от индукции и дедукции, которые ведут к заключениям (имеется в виду к окончательным), «абдукция — это процедура сбора догадок, предположений», а по Вендту, «вероятностных объяснений из доступных фактов» (ibid., p. 83).

Такое открытие, конечно, не может не вызвать удивления, поскольку начальный этап любого научного исследования всегда сопровождается нечетко сформулированными концепциями или теориями, в которых больше догадок, чем утверждений. Советский науковед Э.М. Чудинов даже обозначил этот этап одним замысловатым словом «СЛЕНТ», к которому мы еще подойдем. Но в любом случае вероятностное заключение не решает проблему «дракона» и даже чудо-частиц. Хотя в последнем случае сам Джексон предлагает вариант, который все-таки позволяет физику отделить от философии. Он пишет, что отличать надо не необозреваемое, которое можно найти в «исторических» и «экспериментальных» науках, а два типа

Глава 1
Философские основы теорий международных отношений

необозреваемости, что можно найти в любой науке: обнаруживаемое (детектируемое) и необнаруживаемое (идея принадлежит Анжану Чакраварти). Такое деление по крайней мере решает проблему выявления через технический инструментарий в физике и вообще в естественных науках (ibid., p. 85)[1].

Эти проблемы были решены еще в 1920-е годы благодаря принципу неопределенности Гейзенберга и волновой теории Шредингера, другими словами, в связи со многими «чудесами» квантовой теории. Они были разрешены в ответе на вопрос относительно поведения физических частиц, например электрона, в рамках квантовых неопределенностей и вероятностей, которые предположил Макс Борн. После этого, хотя некоторые вопросы и оставались неясными до начала 1960-х годов, сама проблема неопределенности была решена не только физиками, но и философами, причем именно на материалистической основе[2]. Поэтому вызывает недоумение возврат в XXI веке к этим давно решенным проблемам.

Эти как бы далекие от международных отношений рассуждения внедрились в ТМО, в которой обсуждается, например, проблема «индивидуума», столь же необозреваемого, как и государство. Джексон пишет, что сложилась эпистемологическая брешь между наблюдением *поведения* и заключением, что поведение является действием (акцией), в частности *мотивированным* действием индивидуальной личности. Несмотря на это, многие ученые, занимающиеся международными отношениями, согласны с Робертом Гилпином, точнее, с его декларацией о том, что

---

1. Что касается физики, то надо иметь в виду, что существует принцип наблюдаемости, который запрещает физику пользоваться конструкциями принципиально ненаблюдаемых объектов, если последним придается значение объектов реального мира. Иначе говоря, утверждения о существовании объектов являются бессодержательными, если объект принципиально ненаблюдаем. Исходя из этого принципа, в свое время Эйнштейн отверг понятие эфира и связанную с ним лоренцевскую интерпретацию результатов опытов Майкельсона. Подр. см.: Чудинов. Теория относительности и философия, с. 31–4.

2. См.: Холличер. Природа в научной картине мира, с. 159–203.

строго говоря... только индивидуумы, объединившись вместе в различного типа коалиции, можно сказать, имеют интересы» и что поэтому индивидуумы в определенном смысле являются фундаментом для всех социальных институтов и акторов. И это как бы совершенно правильно. (На самом деле абсолютно неверно — *А.Б.*). Но и критические реалисты поступают таким же образом, только используют другую терминологию. Для них индивидуумы это своего рода «самоорганизуемое нечто с требованием материального воспроизводства (Вендт).

Или по-другому: «Человеческие агентства являются движущей силой любых событий, действий и результатов социального мира» (Десслер), где человеческие агентства равны человеческим индивидуумам[1].

Гилпин и его последователи, видимо, не осознают, что в науке познания существует частное, особенное и всеобщее, каждое из которых отражает явления, описываемые разными терминами, преобразованными в понятия и категории. И действуют они совершенно различно. Индивидуумы, образующие группы, союзы, — это один тип поведения, индивидуумы, образующие государство, — другой тип, а человечество — совершенно иной. Здесь нет абсолютно никаких загадок, а требуется всего лишь понимание некоторых азбучных законов диалектики.

Джексон указывает на еще одну разницу между критическими реалистами и неопозитивистами — в их отношении к прогнозам. Первые отвергают возможность прогнозов как на уровне эпистемологических стандартов, так и научных возможностей. Для вторых же прогноз равен объяснению, поскольку объяснить исход (результат) означает подвести его под закон, а сделать прогноз — это использовать закон (ibid., p. 111). Думаю, что те и другие не правы. Первые в принципе, а вторые потому, что прогноз требует знания законов, которые формулируются при познании сущностей явлений, что неопозитивизм отвергает в принципе.

Обобщая, Джексон делает такой вывод:

---

1. См.: *Jackson*, p. 90.

критический реализм также придерживается разделения разума-мира, но позволяет знаниям восходить к сущностным сферам, проникая в суть и без всевозможных опытов (ibid., p. 197).

Аналитизм (Analyticism). Аналитизм согласуется с неопозитивистским подходом об ограниченности знаний в феноменологической сфере, но отвергает понятие *мир–независимый–от–разума* как абсурд (бессмысленность). Джексон эту часть начинает со сравнения теории Кеннета Уолца, построенной на лексиконе функционального структурализма в рамках «системной структуры», и теорий его оппонентов, иначе понимающих термин *структура*. Для Уолца, полагает Джексон, теории не просто нечто, что сравнивается с реальностью, скорее, именно теории и конструируют реальность, о которой «никто не сможет сказать, что это не подлинная реальность» и как таковая должна быть оценена в терминах, «передают ли они (теории) дух необозреваемых отношений вещей» и предоставляют ли «связи и причины, на основе которых вещи воспринимаются обозреваемыми»[1].

Отношения теории и реальности — старая проблема позитивизма, которую все его виды в конечном счете решают в пользу идеалистического монизма. Джексон, правда, разделяет его на чисто идеалистический (существует только разум) и субъективистский (то, что существует, является функцией индивидуального разума). И то и другое у него есть феноменологический монизм. Но в любом случае оба варианта остаются на стороне «разума» в связке разум–мир[2]. Джексон весьма детально проанализировал, как решалась проблема этой пары в истории философии, сконцентрировавшись в основном на философах-идеалистах, уделив большое внимание Ницше.

---

1. Цит. по: *Jackson*, p. 113.
2. Джексон, видимо, не знает, что от монизма древнегреческих материалистов (Фалес, Анаксагор, Анаксимандр, Демокрит и др.) в свое время отпочковалась и другая его разновидность — материалистическая диалектика, которая как раз разбираемую проблему давно решила просто и убедительно.

Все это ему было надо в конечном счете для того, чтобы сделать вывод:

> дуализм так или иначе имеет дело с понятием истины, выявление которой находится между субъективным разумом и независимым-от-разума-миром, в то время как монизм уравнивает истину с необходимой (очевидной) полезностью, или, как писал Вильям Джеймс, «со стоимостью в терминах конкретного опыта» (ibid., p. 141).

Что, кстати, является уже не столько позитивизмом, сколько чистым прагматизмом.

Как раз именно эта методологическая база положена в основу конструктивизма (такими исследователями, как «социальный конструктивист» Макартур или «конструктивный эмпирист» Ван Фраассен) в ТМО. Но в ТМО, уверяет Джексон, «конструктивизм» не является философской онтологией, а относится к научной онтологии с таким набором существенных терминов, как «норма», «идея», «культура» и т.д.

Это направление Джексон называет *аналитизмом*, т.е. методологией, под которой он имеет в виду «анализ различных явлений одновременно», в отличие от словарных определений, где «анализ» означает первоначальную разбивку чего-либо на части, т.е. упрощение в целях увеличения всесторонности рассмотрения. Он также отличает эту методологию от синтетической, где утверждения, сделанные на основе аналитической методологии, «верны по определению», а «синтетические утверждения» требуют эмпирических оценок.

Рефлексивизм. Используя довольно редкий термин *рефлексивность (reflexivity)*, автор сразу же оговаривает его отличие от похожего термина «рефлексия» (reflection, отражение)[1]. Последний

---

1. Здесь у меня возникает трудность с переводом на русский язык. Дело в том, что на самом деле именно понятие Reflection (die Reflexion) — «отражение» описывает взаимоотношения между разумом и миром, по крайней мере в гегелевском варианте. Фактически в этом же качестве, но уже как Reflexivity представляет этот термин и Кембридж-

Глава 1
Философские основы теорий международных отношений

термин относится к поведению, общественной практике, как бы обладает больше прагматическим смыслом, в то время как рефлексивность наполнена философским содержанием в контексте отношений связки разум-мир. Именно в таком качестве это направление лишь напоминает марксистскую теорию отражения, хотя на самом деле оно весьма далеко от нее.

Джексон в принципе отделяет рефлексивизм от неопозитивизма, описывая ее как самостоятельный подход в философии. Если трансфактуальный монизм взывает к определенной рефлексивности знаний, при котором инструменты накопления знаний возвращаются к самому ученому, то рефлексивность базируется или гарантируется эмпирическими требованиями, не относящимися ни к *разуму-зависящему-от-реальности*, ни к набору культурных ценностей, а только к практике накопления знаний как таковых. Видимо, слово «практика», которая в рамках марксистской философии является критерием истины, и заставило Джексона отнести это направление к марксистскому. Хотя это и не совсем так.

Рефлексивисты придают большое значение функциональности научных знаний. Причем эти знания являются не простым выражением классовых, расовых или гендерных атрибутов, а именно в контексте оказания влияния на эти различия. «Рефлексивисты являются монистами в том смысле, что они также не верят, что знания соответствуют *миру-независимому-от-разума*». Они убеждены в том, что, только помещая себя в социальную среду и одновременно анализируя собственную роль в качестве производителя знания, можно достигнуть таких знаний, которые необходимы для социальных мероприятий. За усложненной и запутанной словесной эквилибристикой скрывается простая мысль: «...знания

ский словарь: «(1) reflexive (or exhibit reflexivity): for all a, aRa. That is, a reflexive relation is one that, like identity, each thing bears to itself. Examples: a weighs as much as b; or the universal relation, i.e., the relation R such that for all a and b, aRb. (The Cambridge Dictionary of Philosophy, p. 788). У Джексона же другая интерпретация, поэтому мне придется его термин оставить без перевода, тем более что и Большой англо-русский словарь его оставляет в первозданном виде.

прежде всего порождаются в личности, осознающей себя» и только затем соотносятся с окружающей средой (= «миром»). Точнее, не столько соотносятся, сколько определяют этот «мир», который у них так же, как и у аналитистов, не может быть полностью познан. На таких позициях стоят весьма разнообразные течения, в том числе феминистки и ученые «постколониального» времени.

Со ссылкой на Антонио Грамши Джексон отмечает, что рефлексивисты отрицают чисто «объективный» прогноз, поскольку в него вносится «программа», которая изменяет объективность в пользу нужного результата. Автор здесь, правда, не указывает, какой тип прогноза он имеет в виду: форму ли предвидения (prediction) или предсказания (forecast) и т.д. (Эта тема специального разговора, что будет освещено в соответствующем разделе.) Относя и марксистов к рефлексивистам, Джексон не оговаривает систему координат для прогнозов: одно дело — прогноз общественных явлений, где действительно субъективный фактор может играть существенную роль, например в форме программы действий для реализации желательного прогноза. В этом случае Джексон прав. Но если речь идет о естественных событиях, например о прогнозе погоды, тогда вряд ли субъективная «программа» кого бы то ни было поможет «одержать победу». Джексон, так же как и разбираемые им философы, часто забывает разграничивать системы координат явлений, которые обсуждаются. Хотя наверняка все они должны знать, что законы природы работают не так, как закономерности общественного развития.

Из последующего анализа становится очевидным, что у Джексона речь идет об ученых общественного профиля, особенно когда он говорит о том, что ученые-рефлексивисты «всегда историчны, или диалектичны». Он имеет в виду, что такого типа ученые, какие бы явления они ни анализировали, в конечном счете обязательно свой анализ и выводы будут сопрягать с историческими изменениями в обществе. Более того, «для рефлексивиста знание мира и изменение мира неразделимы» (ibid., p. 160). Это чуть переиначенное выражение Маркса о философах, которые обязаны не только познавать мир, но и изменять его, что, безусловно, верно, если только

Глава 1
Философские основы теорий международных отношений

эту идею не доводить до абсурда.

Некоторая схожесть идей марксизма с идеями Макса Хоркхаймера и Теодора Адорно, а также других представителей Франкфуртской школы, видимо, послужила основанием для Джексона отнести последних к последователям марксистской традиции. Это не так хотя бы уже потому, что подлинные марксисты и, скажем, тот же Адорно кардинально иначе относились к диалектике Гегеля, не говоря уже о различных подходах к реальностям XX века, особенно в сопоставлении социализма и капитализма. Тем не менее Джексон прав в том смысле, что и марксисты, и рефлексивисты действительно строили анализ общественных явлений с позиции необходимости использования научных достижений для совершенствования общества. Другое дело, что они предлагали различные пути этого совершенствования.

Джексон, со ссылкой на марксиста Альтусера, обращает внимание на одну интересную метаморфозу, которая происходит при *импорте* некоторых теоретических элементов в виде понятий, категорий, методов и т.д. из одной области науки в «новое содержание». В процессе перехода оказывается, что «новизна» ставится под сомнение не столько из-за самих импортированных научных понятий, сколько из-за «крупных философских категорий». И поэтому необходимо очень долгое время, для того чтобы они заработали при решении старых проблем (ibid., p. 177).

Перенос понятий и категорий из одной области знаний в другую действительно важная философская тема, которая, на мой взгляд, недостаточно разработана. В любом случае необходимо очень осторожно работать с такими переходными понятиями, как, например, *прогресс* или *эволюция*, которые относят к органическому, неорганическому и общественному миру.

Джексон утверждает, что рефлексивизм превратился в центральный метод исследования МО. Одним из его основателей был Е.Х. Карр, который свои основные аргументы заимствовал из работ-дискуссий Карла Манхейма. Его известная книга «Двадцать лет кризиса» была диалектичной, и то, что он сказал в ней о производстве знаний, в большей степени звучит не в духе взглядов современных реалистов (они почти все неопозитивисты), а в русле подходов современных марксистов и феминистов (ibid., p. 187).

В целом же рефлексивизм, считает Джексон, вбирает в себя монистский отказ от понятия *мир–независимый–от–разума*, и трансфактуального признания знаний, которые реализуются за пределами феноменального опыта (ibid., p. 197). Такой вывод на самом деле означает, что рефлексивизм — это одна из разновидностей философии идеализма, которая в наше время проявляет себя в форме субъективного монизма, где разум познает и управляет миром, не обращая внимание на внутренние закономерности природы.

Если это так, то никакого отношения к марксизму этот подход не имеет, поскольку марксизм, наоборот, признает объективность мира, независимого от сознания, и не признает знания, которые не подтверждаются общественной практикой. Именно эти идеи было подробно изложены в философских работах, в частности, Энгельса («Диалектика природы») и Ленина («Материализм и эмпириокритицизм», а также в «Философских тетрадях»), которые, судя даже по обширной библиографии Джексона, прошли мимо внимания автора.

И все же этому направлению придется уделить специальное внимание в последующем по двум причинам. Рефлексивисты являются ярыми противниками позитивизма и ее разновидностей, составляя любопытный сегмент политико-философского течения на левом фланге критиков капитализма[1]. Несмотря на это, это течение не является марксистским, как его пытаются представить некоторые последователи рефлексивизма и его интерпретаторы. Что и придется разъяснять в соответствующем месте.

Плюралистическая наука МО. Собственная позиция Джексона опирается на плюралистический подход к знаниям. Прежде всего

---

1. Подр. см.: *Neufield*. The Restructuring of International Relations Theory.

Глава 1
Философские основы теорий международных отношений

он определился с термином «наука», базирующимся на определениях, данных Максом Вебером. Звучит этот «широкий» термин так:

> Наука — это «тщательное и строгое применение набора теорий и понятий для того, чтобы произвести "продуманную организацию эмпирической актуальности"»[1]. Этот вывод включает в себя три требования к научным знаниям: они должны систематически сопрягаться с исходными посылками, они должны подвергаться общественному критицизму внутри научного сообщества и должны стремиться создавать мировые знания (ibid., p. 193).

Отсюда вытекает, что цель науки — это организация научных знаний. Ради чего — не сказано. Этот вывод сделан чисто в неопозитивистском духе.

Изложив основные требования к науке, он предлагает «вовлеченное плюралистическое отношение», заключающееся в отказе от методологических различий, которые находятся в изоляции друг от друга или эклектически собраны из различных «клеток» в типологии философско-онтологических пристрастий. И что же дает такой плюрализм? Оказывается:

> Вовлеченный плюрализм выносит на поверхность спорные темы; темы, которые без особой надобности не раскрываются в согласии или несогласии, а вместо этого производят тонкую дифференциацию и спецификацию, привнесенную трудной умственной работой (ibid., 207).

Именно в этом суть «методологического плюрализма». И в поддержку такого подхода Джексон призывает не кого-нибудь, а прагматика Вильяма Джеймса. Джеймс же, естественно, рассуждает о том, почему мы должны верить каким-либо «изолированным системам идей», когда мир управляется множеством систем и различными людьми, когда результаты очевидного опыта говорят нам о том, что мир творится (делается) на основе многих системных идей и различными людьми, которые при реализации своих идей получают свои прибыли (profit), в то время как другого типа «профиты» могут быть пропущены или отсрочены… Да и вообще

---

1. *Jackson*, p. 160.

мир так сложен, состоит из множества реальностей, следовательно, чтобы его понять, должны быть использованы различные понятия и различные отношения …и далее все в таком же духе[1].

Джексон, как бы оправдывая своего ментора, пишет, что, возможно, язык Джеймса немножко устарел, но главная его идея «прекрасно подходит для научного поля, характеризуемого различными методологическими перспективами и "системой идей"»[2]. «Методологический плюрализм, — пишет Джексон, — раскрывает ситуацию, в которой различные научные методологии вбирают различные части знаний, каждая из которых внутренне находит свое особенное место, но ни один из них не требует безоговорочного универсального преимущества» (ibid.).

Плюрализм в политике, может быть, и не плох. Но плюрализм в науке? Очевидно, не это имеет в виду Джексон. Ясно, что он как бы открывает дорогу для множества подходов, методов для изучения истины. Истины ли? Вот в чем вопрос.

Джексон со ссылками на Вебера и Вайта подробно объясняет разницу между методами и целями науки, подчеркивая, при этом, что «целью самих знаний», по Вайту, является «объяснительное содержание» научных знаний (ibid., p. 18). При этом добавляет, что наука не имеет качественных оценок. Почему-то этот момент особенно беспокоит авторов, заставляя постоянно подчеркивать, что наука дает фактические знания и отделена от политики и нормативных оценок (ibid., p. 25). И это признают даже неограмшисты.

Для марксиста объективность науки — это аксиома, но для буржуазных исследователей и ученых — не совсем, поскольку они сами постоянно сталкиваются с тем, насколько научные выводы зачастую зависят от политики, или экономики, или от тех, кто спонсирует научные проекты.

---

1. *James.* 1902. The Varieties of Religious Experience: A study in human nature, p. 122, 123.
2. *Jackson*, p. 210.

Глава 1
Философские основы теорий международных отношений

Джексон уточняет свое понимание разницы между методом и методологией, соглашаясь с определениями, которые дал в свое время Дж. Сартори: методы — это техника сбора и анализа информации, а методология — логическая структура и процедура научного исследования. В узкой интерпретации в принципе можно согласиться с таким пониманием различий.

Следует также определить, что понимают философы-международники под терминами *онтология* и *эпистемология*. Под первым термином они понимают бытие и то, что существует в мире, под вторым — *познание* и как наблюдатель формулирует и оценивает этот мир. При этом, правда, повисает термин *гносеология*, но чаще всего он является синонимом эпистемологии. А далее автор, то ли в угоду плюрализму, то ли сам не замечая противоречия, обозначает различия между двумя терминами, которые использовали Хэйки Патомэки и Колин Вайт. Имеются в виду термины *онтологическая наука* и *онтологическая философия*. Первая как раз изучает бытие, а вторая занимается процессом познания, нашим отношением к бытию. Это пример крайне неудачного сочетания слов, поскольку здесь сразу же указывается, что философия не наука, с чем, кстати, согласны немало ученых-естественников. Но главное в другом. Онтология в переводе с греческого означает наука о бытие, а сами по себе наука и философия — это сферы познания, т.е. гносеология, или эпистемология. Другими словами, можно сказать, что эти два термина (наука и философия) тождественны, поскольку они выражены в единстве — онтологическая эпистемология. И следовательно, различия между ними исчезают. Указанные авторы, сами не подозревая, а Джексон их не поправил, вместо различения ввели совершенно пустые термины, которые только запутывают суть дела.

Сами они, правда, видят в таких определениях простор для плюралистических подходов к науке, вместо того чтобы «империалистически» предрешать все дискуссии, предлагая узкие и четкие определения (ibid., p. 34).

И вот к каким результатам приводит отказ от «империалистического диктата». Джексон пишет:

«Что такое природа бытия?» и «Что такое цель человеческого существования?» — два очень хорошо известных примера своего рода онтологически/теологически этических вопросов, на которые каждый конкретный ученый дает ответы в конечном счете в зависимости от масштаба *веры*, именно из-за того, что они не могут быть обдуманы эмпирически или рационально (ibid., p. 34. Курсив мой. — *А.Б.*).

Вот вам позитивизм в чистом виде! Как бы даже самый передовой позитивист ни изощрялся в заумных словесах и научных терминах, в конце концов он непременно придет к вере или духу, вселёнными в нас Тем, Кто бесконечно вечен. — Аминь! Позитивисты почему-то думают, что если они не могут дать ответы на что-либо, то этого не может сделать уже никто. Хотя на многие обсуждаемые ими вопросы давно уже даны ответы.

3. Философская школа «толковательного диалога»

Такой школы не существует. Однако чтение монографии «Теория международных отношений и философия» с подзаголовком «Толковательные диалоги»[1] подтолкнуло меня назвать этот параграф именно таким образом. Вообще-то такой подзаголовок прямо указывает на то, что участники монографии-сборника относятся к Английской школе, образовавшейся на методологической базе толкования (интерпретации) истории. Представленные авторы — тоже «толкователи», только толкуют они нечто другое, о чем ниже.

Судя по всему, мода на философию в контексте ТМО набирает силу. К ней активно подключилось новое поколение исследователей, прежде всего из Англии, которое решило углубить понимание сущностей МО с опорой на тех философов и социологов, о которых классики даже не задумывались. Им, классикам, явно не приходило в голову, что такие философы, как Мартин Хайдеггер, Жан Паточка, Эммануил Левинас, Жак Деррида или Людвиг Витгенштейн, имеют какое-то отношение к проблемам МО. И уж тем более вряд ли кто-то из них мог оценить «вклад» в ТМО русско-советского философа Михаила Бахтина. Думаю, что с позиции ТМО не интересовал их и Ф. Ницше. Подозреваю, что и вклад Мишеля Фуко в исследования международных отношений, который авторы называют «ценным», остался незамеченным профессиональными теоретиками МО. И это естественно, поскольку все названные философы изучали темы, в большей степени связанные с языковыми, культурологическими и литературоведческими проблемами, весьма далекими от международных отношений. Экзистенциализм же

---

1. *International* Relations Theory and Philosophy: Interpretive Dialogues.

Хайдеггера и Левинаса даже на философском уровне не сопрягался с проблематикой ТМО.

И тем не менее авторы монографии, а это в основном политологи, а не международники, нашли в работах названных философов идеи, которые позволили фактически открыть пока небольшую нишу в рамках Английской школы, своего рода подшколу «толковательного диалога», которая растолковывает международные отношения с позиции лингвистики, интерпретаций текстов и поведения акторов. Насколько это «углубляет» ТМО, пока судить сложно, но некоторое философское обрамление исследованиям на международную тематику подобный подход, безусловно, дает. А может быть, и нечто большее. Попробуем разобраться.

Начну со статьи о Ницше, авторами которой являются международник из Австралии Роланд Блейкер и политолог из Англии Марк Чоу[1]. Они сразу же заявляют, что Ницше оказал влияние на Мишеля Фуко, Альбера Камю и феминистку Юдит Батлер. На самом деле Ницше повлиял на значительно большее количество значимых имен, но здесь как бы имелись в виду те лица, которые каким-то боком соприкасаются с темой МО. Не знаю, как насчет Батлер, но что касается двух первых, то они к этой теме имели такое же отношение, как любой турист, путешествующий из одной страны в другую.

Что привлекло авторов в Ницше? Прежде всего его высказывание о стиле. «Стиль имеет значение» — так выразили они идею Ницше. Хотя о стиле Ницше говорил не совсем так, но в данном случае это пока неважно. Ради исторической справедливости следуют, правда, напомнить, что до Ницше о стиле афористично выразился и француз Ж. Бюффон: «Стиль — это человек». Но если Бюффон просто выразился, то Ницше продемонстрировал необычность своего стиля во всех своих работах. Поскольку для него это действительно имело громадное значение, так как недаром

---

1. *Roland Bleiker and Mark Chou.* Nietzsche's Style: on Language, Knowledge and Power in International Relations. In: International Relations Theory and Philosophy: Interpretive Dialogues.

Глава 1
Философские основы теорий международных отношений

в учении о стиле он подчеркивал: «Первое, что необходимо здесь, есть *жизнь*: стиль должен жить». И не просто жить. «Стиль должен доказывать, что *веришь* в свои мысли и не только мыслишь их, но и *ощущаешь*»[1].

Из такого типа высказываний авторам больше всего понравилось следующее:

> Здесь мы высвечиваем один из важных уроков, почерпнутых у Ницше, о том, что не столь важно, что он сказал, а как он сказал[2].

Авторы не замечают, что такого типа урок скорее относится к словесному творчеству, литературе, поэзии, вообще к искусству, для которых часто форма важнее содержания. При формулировке же закона или некой научной истины не имеет значения, обрамил ли ты свое высказывание метафорами или эпитетами, важно именно то, что́ ты сказал. И как сказанное согласуется с научными истинами, отражающими объективную реальность. Для истины «стиль» не важен.

«Толкователи» приводят еще одно вдохновившее их суждение Ницше: «Настоящая опасность, по мнению Ницше, заключается в том, "что все зависит от содержания понятия"» (ibid.). Я сомневаюсь, что Ницше мог так сказать, учитывая его глубокое уважение к Гегелю. Но если он это где-то и сказал или написал, то наверняка речь шла не о научной сфере, а об искусстве или литературе. В таком контексте это высказывание для Ницше было бы естественным, поскольку он прежде всего поэт, для которого любое понятие ограничивает явление, сужает его только до сути. Жизнь, как известно, богаче любого понятия, а для творческих людей, поэтов сутью является художественный образ, где истина вообще ни к чему. Они наслаждаются разнообразием явлений. Но науки без понятий не существует. И то, что верно и убедительно для искусства, неприемлемо для науки.

---

1. *Ницше*, т. 1, с. 751, 752.
2. *Roland Bleiker and Mark Chou*, p. 8.

И далее идет восхищение рассуждениями Ницше о «деревьях, цвете, снеге и цветах», которые являются вещами сами-по-себе, но все еще воспринимаются как метафоры, «которые не соответствуют действительным целостностям» (р. 10). Или такой поэтический пассаж против «реалистов» из его «Веселой науки»:

> Вот эта гора! Вон то облако! Что в них «действительного»? Стряхните же однажды с них иллюзию и всю человеческую примесь, мои трезвые друзья! Да если бы вы только смогли это! Если бы вам удалось забыть ваше происхождение, ваше прошлое, ваше детство — всю вашу человечность и животность! Для вас не существует никакой «действительности» — да и для вас тоже, мои рассудительные друзья (р.11).

И вот этот пассаж, который Ницше написал с позиции «влюбленного художника», приводит к таким глубокомысленным выводам авторов статьи: «Способ, на основе которого мы воспринимаем и трактуем эти факты и феномены, зависит от точки зрения (а в данном случае правильнее было бы сказать — от местоположения), с каких мы их обозреваем» (ibid.). Неужели для столь банального вывода нужна была философия Ницше? Неужели и без всякой философии не ясно, что художник или поэт иначе воспринимает «горы и облака», чем ученый? И неужели, если кто-то эти же самые горы и облака назовет другими словами, они поменяют свою онтологическую сущность? Но именно к такому выводу приходят Блейкер и Чоу, когда пишут:

> Борьба за лучший и справедливый мир только тогда может стать успешной, если он (мир) напрямую сопрягается с терминологией, на основе которой мы интерпретируем и представляем международные отношения (р. 17).

Подчеркиваю: речь идет не о понятиях и категориях, а именно о словах. Как было бы просто достигать мира всего лишь изменяя слова!

И все же при всей безрассудности такого подхода в нем есть некоторый смысл, когда речь идет о пропагандистском или идеологическом обрамлении политики. И здесь авторы даже сами употребили фразу — «язык обрамляет политику» (language frames

Глава 1
Философские основы теорий международных отношений

politics). Например, агрессию или вторжение можно назвать помощью, и тогда, если следовать логике авторов, содержание политики тоже меняется. Точно так же обстоит дело, если выражение «свержение иностранного правительства» поменять на «освобождение от тирании», слово социализм поменять на тоталитаризм, а империализм на демократию, феодализм на коммунизм и т.д. Очень часто это срабатывает. На то и пропаганда. И действительно, получается, что стиль и слова «имеют значение». И конечно же, поведение на международной арене не может быть отделено от манеры и стиля. Но авторы заблуждаются, когда утверждают:

> Надо признать, что эти факты имеют смысл только благодаря нашей интерпретации, которая, в свою очередь, воздействует на то, как мы политически воспринимаем окружающие нас факты и феномены (p. 17).

Авторы забывают известное изречение Талейрана, что «слова нам даны, чтобы скрывать наши мысли». Дипломатия — это искусство, или такая игра, в которой выигрывает часто не самый сильный, а самый хитрый, именно тот, кто словесными трюками усыпляет противника. Все это настолько банально, что неслучайно профессиональные теоретики даже не обсуждают эти азбучные истины и тем более не выводят их на уровень неких философских мудростей, от которых надо отталкиваться в своем поведении и словесном выражении.

Вообще-то не знать об этом для англоязычных политологов и социологов непозволительно, если иметь в виду, что Джордж Оруэлл довольно подробно описывал подобные явления в своем знаменитом эссе «Политика и английский язык». Напомню. В нем он писал: «Все проблемы являются политическими проблемами, а политика сама есть масса лжи, уверток, глупости, ненависти и шизофрения»[1]. И он на многих примерах показал, как слова «защищают незащищаемое», как ложь выдается за правду и как убийство становится респектабельным действом. Показал он и метод сокрытия смысла слов. Для этого обычно используются латинские

---

1. *Orwell.* Politics and the English Language, p. 167.

слова, которые «покрывают факты как снежок, размывая четкость и скрывая детали», а также абстрактные термины взамен конкретных слов (ibid.).

Интересно, что известный американский лингвист Джордж Лакофф все эти языковые хитрости воспроизвел на современном материале при сравнении политического языка демократов и республиканцев. К примеру, когда речь идет о бюджетных проблемах последние употребляют слова *налоги* (taxes) и *расходы* (spendings), в то время как первые предпочитают говорить *о доходах для инвестиций* (revenues for investments). Республиканцы, как правило, выражаются конкретно, демократы — абстрактно. Если же речь идет в целом о внешней политике, то, скажем, слово *убивать* (to kill) применяется для описания действий врагов по отношению к США. Аналогичные действия Америки против врагов обозначаются таким эвфемизмом, как *кинетическая акция*. Или, как однажды выразился Барак Обама, «летальные, целевые действия против Аль-Каиды и связанных с ней сил»[1]. И во всем этом нет ничего удивительного. Задача политика заключается в том, чтобы достичь целей, используя в том числе и языковой арсенал.

Но когда речь идет о науке, задача ученого как раз заключается в том, чтобы самому не стать жертвой пропаганды. Словесные выкрутасы не меняют сущностей. Они только затушевывают их, часто вводя в заблуждение и самих авторов подобных выкрутас. Это не просто логический позитивизм, доведенный Людвигом Витгенштейном до крайности, это крайняя форма субъективного идеализма, превосходящая солипсизм Беркли.

Любопытно, что автор статьи, посвященной именно Витгенштейну, Карин М. Фирке, всерьез утверждает, что языковые исследования знаменитого австрийца «повлияли на все основные направления мысли в работах о международных отношениях»[2].

---

1. Подр. см.: *Lakoff and Wehling*. The Little Blue Book: The Essential Guide to Thinking and Talking Democratic.
2. *Fierke*. Wittgenstein and International Relations Theory. In: International Relations Theory and Philosophy: Interpretive Dialogues, p. 83

Глава 1
Философские основы теорий международных отношений

Правда, сразу же опровергая себя, говорит, что это влияние было «косвенным» и не всеми признанным, имея в виду аллергию к вопросам языка в ТМО. По мнению Фирке, влияние исследований Витгенштейна на ТМО выразилось в том, что они позволяют смотреть на международные отношения «с другого угла». Опять же при этом она забыла указать, насколько этот угол углубил познание в области международной тематики. Витгенштейн, безусловно, талантливый лингвист. Но использовать его философские изыскания в области языка для ТМО в состоянии только такой не менее талантливый лингвист и политолог, как Карин Фирке.

Упомянутые выше Блейкер и Чоу обратили внимание на одну важную мысль, которую они вынесли из работ Ницше. Это взаимосвязь между языком, знаниями и властью (как power). Они пишут:

> Он (Ницше) верил, что поиск истины всегда содержит волю к власти (power), жажду триумфа, желание покорять. Это желание редко подчеркивалось и даже признавалось, поскольку оно встроено в саму природу языка и знаний (р.9).

Эту идею они, видимо, почерпнули из работы, приписываемой Ницше, «Воля к власти»[1]. Авторы полагают, что множество современных писателей стали эксплуатировать эту идею, выдвинутую Ницше. Из этого множества они назвали только Мишеля Фуко. Идея заключается в том, что не существует властных отношений, которые бы не содержали знаний, и, наоборот, не существует знаний, которые не предполагали бы в то же время властных отношений (р. 12).

Следует сказать, что на самом деле о взаимоотношениях знания и силы писали многие философы, начиная с Ф. Бэкона («знание есть сила»), хотя ни один из них не смог вскрыть их онтологические взаимосвязи[2]. Но здесь важно то, что авторы обратили

---

1. На самом деле такую работу Ницше не писал. Она была фальшивкой, сфабрикованной сестрой Ницше — Фёрстер-Ницше. Подр. см.: *Свасьян К.А.* Фридрих Ницше: мученик познания. В Ницше, т. 1.

2. Подр. см.: *Бэттлер.* Диалектика силы.

внимание на эту взаимосвязь, которую им подсказал Ницше. Детально же эта тема, включая и анализ понимания этой связи М. Фуко, будет рассмотрена в соответствующем месте.

Прежде чем приступить к анализу еще одной статьи, я не могу удержаться, коль речь зашла о Ницше, чтобы не упомянуть отношение самого Ницше к англосаксонской расе. В работе «По ту сторону добра и зла» популярный среди англичан и австралийцев философ крайне нелестно отзывается о такой «нефилософской расе», как англичане. Досталось всем: и Бэкону, и Гоббсу с Юмом, «нудному путанику Карлейлю», а также таким «посредственным англичанам», как Дарвин, Джон Стюарт Милль, Герберт Спенсер. И даже: «В конце концов не следует забывать того, что англичане с их глубокой посредственностью уже однажды были причиной общего понижения умственного уровня Европы»[1].

Я, естественно, не разделяю отношение Ницше к названным именам, но для меня было бы странным опираться на учение человека, который оскорбляет мою нацию, и при этом восхищенно рекламировать его идеи, которые в общем весьма банальны, по крайней мере с точки зрения ТМО. У англичан, видимо, другое представление о чувстве собственного достоинства.

А теперь о статье, связывающей Юргена Хабермаса и Маркса с Критической теорией в ТМО. Ее автором является Александр Анивас, специализирующийся на изучении левых политиков и философов.

Критическая теория — это одна из модных школ в ТМО. По мнению Аниваса, ее основателем был Макс Хоркхаймер, вдохновленный идеей Маркса о «безжалостной критике всего, что существует». Хотя книга самого Хоркхаймера была опубликована еще в 1937 г., однако идеи Критической теории стали внедряться в ТМО в начале 1970-х годов. Ее главным отличием от «традиционных теорий» (так назывались буржуазные теории) считается утверждение, что все знания являются «социально обусловленным

---

1. *Ницше*, т. 2, с. 372.

Глава 1
Философские основы теорий международных отношений

историческим продуктом». То есть теория может быть понята в контексте «реальных социальных процессов», а не в «абсолютизированных, идеологических категориях»[1]. Последнее, как вытекает из работы Хоркхаймера, как бы присуще марксистским теориям. Хотя на идее «историзма» всех процессов постоянно настаивали именно Маркс и все его подлинные последователи. Но адепты Критической теории, видимо, не заметили этого.

Если же коротко, то Критическая теория авторами определяется в терминах методологического введения в: 1) теоретическую саморефлексию, 2) историчность, 3) социальную тотальность, 4) постоянную критику с просветительными намерениями (ibid.). Хабермасу, однако, не понравилась излишняя материалистичность истории по Марксу, и он выдвинул возражения, которые пришлись по вкусу большинству сторонников этой теории. Свои идеи он изложил в известной работе «Теории коммуникационных действий», в которой главную роль играла лингвистическая составляющая в процессе понимания рационально мотивированных решений. Этой работе предшествовала критика Хабермасом нескольких положений Маркса. Одно из его возражений заключалось в том, что якобы Маркс «неадекватно отделил труд от взаимодействия». Последнее у него растворилось в труде. Это Хабермас доказывает на основе лингвистического анализа слов, например, того же самого «труда». Более того, по его мнению, Маркс рассматривал само понятие «труд» как эпистемологическую категорию, что вызывает у Хабермаса большие сомнения.

Я не собираюсь втягиваться в полемику с Хабермасом. Хочу только подчеркнуть, что не только он, но и многие другие «крупные ученые» критикуют Маркса за то, что он не анализировал те или иные явления в соответствии со свежими взглядами этих самых ученых. Им почему-то не приходит в голову, что Маркс, анализируя кате-

---

1. *Anievas*. On Habermas, Marx and the critical theory tradition: theoretical astery or drift? In: International Relations Theory and Philosophy: Interpretive Dialogues, p. 146.

горию труда, совершал экономический анализ на базе экономических понятий и категорий, а не разбирал философскую адекватность слова «труд» слову «взаимодействие». При этом вряд ли он задумывался, поймут ли его толкование «труда» последующие теоретики, которые сконцентрируются под влиянием Хабермаса на слове «диалог». Аналогичную критику можно предъявить любому исследователю даже самой широкой темы, поскольку всегда найдется лингвист, который попрекнет его в том, что он в своем анализе проигнорировал, например, истоки происхождения слова *информация*. Но здесь для нас важно то, как оказалось, и Хоркхаймер, и особенно Хабермас оказали большое влияние на формирование Критической школы, в частности на одного из ее приверженцев — Эндрю Линклейтера, с которым придется не раз и не два встречаться на страницах следующего тома.

В своей статье Анивас подчеркивает, что тема «диалога», разработанная Хабермасом, подвигла Линклейтера на исследования социальных процессов в морально-культурной сфере. А в основу трехступенной морально-эволюционной модели Хабермаса, который, в свою очередь, позаимствовал ее у Лоуренса Кольберга, Линклейтер закладывает «прогрессивное развитие различных форм морального понимания» в таких формулировках: предконвенциональный, конвенциональный и постконвенциональный (на русском языке смысл этих слов приблизительно означал бы: отсталый, шаблонно-традиционный и современный). Эта заумь в переводе на нормальный язык означает следующее. При отсталом моральном уровне люди подчиняются нормам из страха наказания, на шаблонно-традиционном уровне они подчиняются из чувства групповой лояльности, а на современном, не подчиняясь властным структурам, следуют только тем нормам, которые имеют универсальную ценность. Последнее, понятно, является высшей степенью морали.

Как же этот подход сказывается на ТМО? Оказывается, существенно. Линклейтер, в пересказе Аниваса, справедливо полагает, что конец холодной войны и глобализация разорвали связку «суверенитет, территориальность, гражданство и национализм». Это особенно стало заметно в Европейском сообществе. Имеется

Глава 1
Философские основы теорий международных отношений

в виду, что на западноевропейском пространстве создались своего рода экономические и политические интеграционные поля, обозначенные как «пост-Вестфальское сообщество», внутри которого как раз и начался «универсальный диалог», демонстрирующий эрозию национальных государств как монополистов силы. И в результате на выходе мы получаем «транснациональное гражданство», которое движется в сторону подлинного «космополитического гражданства» (p. 153).

Ирония заключается в том, что, даже если согласиться с подобными рассуждениями англичанина Линклейтера, именно Англия меньше всего вовлечена в это Европейское сообщество, к тому же постоянно грозит покинуть даже его экономические структуры. В любом случае другие политологи, к примеру Робби Шильям (тоже из Англии), с недоверием отнеслись к теориям Линклейтера, обозначая их как «идеалистическое понятие», которое выстраивает историю в рамках целенаправленного процесса. Другой оппонент, американка Джин Элштейн, не без иронии замечает: «Кажется, Линклейтер ожидает, что "имущие" добровольно передадут свое благосостояние "неимущим" для достижения правильного функционирования общества» (p. 154).

Хабермас, в отличие от своего последователя идеалиста Линклейтера, осознает «антиномию» между теорией и практикой, приспосабливая первую к «уже существующим политическим обществам», в результате чего «хорошее» общество это то, «что есть и что может быть социально принятым» (ibid.). Здесь вновь речь может идти об интерпретации, поскольку «принятыми» могут оказаться «интервенции, возглавляемые США, в Заливе, Косово, и (с долей критики) в Афганистане», которые как раз и были поддержаны Хабермасом (p. 155). Эти интервенции могут означать перетолкованные идеи Линклейтера о «гуманитарных интервенциях Запада, а также разговоры о правах человека». Видимо, в ключе своего понимания интервенций Хабермас довольно оптимистично оценивает и просветительную потенцию Европейского сообщества и превращение его в «космополитическое сообщество государств».

Любопытно, что Хабермас в своем отношении к военным интервенциям Запада после холодной войны не одинок. Аналогичной позиции, по мнению Аниваса, придерживаются практически все значимые ученые леволиберального направления. В подтверждение он приводит обширную цитату видного представителя «новых левых» англичанина Перри Р. Андерсена, глубоко изучавшего теории Хабермаса и левых. В одной из своих работ Андерсен пишет, что за всеми этими философствованиями стоит «банальное ежедневное желание — поиметь пирог и съесть его». И как бы ни критиковали стандартные подходы в международных отношениях, заменяя их на отношения «универсальной морали», в конечном счете «развязка не вызывает сомнения: лицензия для американской империи как месту для человеческого прогресса»[1].

* * *

Здесь нет необходимости критически разбирать или углубляться в труды Витгенштейна, Хоркхаймера или Хабермаса, поскольку не в этом состоит задача раздела. Здесь важно было подчеркнуть, что в ТМО стало хорошим тоном начинать с философии, точнее, с анализа идей тех или иных философов, которые оказали влияние на работы самих теоретиков МО. Причем бросается в глаза, что если классики-теоретики строили свои теории и концепции на основе философии позитивизма и прагматизма, то последующее поколение исследователей внедрили в оборот взгляды, концепции, труды философов иных течений, а также других областей знания, в частности из языкознания и культурологии.

И хотя последние никакого отношения к исследованиям на международные темы не имели и не имеют, их привлечение не лишено определённого смысла. Прежде всего для раздела пропагандистского и идеологического обрамления внешней политики, в которой слова и термины, тип поведения акторов и субъектов

---

1. Цит. по: *International* Relations Theory and Philosophy: Interpretive Dialogues, p. 155.

Глава 1
Философские основы теорий международных отношений

политики могут играть подчас решающую роль. Эту роль в свое время хорошо освоили профессионалы от рекламы. Неплохо это сделали и профессиональные политики. Правда, в этой связи не стоит забывать, что в рамках ТМО давно существует направление, обозначенное как имиджинология — наука об образах и символах. Но этот подраздел ТМО основной упор в анализе делает на стереотипы стран, или, по выражению К. Боулдинга, «имидже ситуации»[1].

Авторы же представленного сборника предлагают на базе лингвистики придать новый облик внешней политике стран и даже всей системе международных отношений. Неважно насколько это утопично и насколько верят сами авторы в свои утопии. Важно то, что этот срез внешнеполитического процесса может быть поднят на уровень науки в связке «язык и восприятие». Повторяю, в рекламном деле и в политике эта связка доведена едва ли не до совершенства.

---

1. Цит. по: *Зак.* Западная дипломатия и внешнеполитические стереотипы, с. 13. В данной книге этот подраздел в русской транскрипции почему-то передан как имЕджинология, т.е. с ошибкой.

4. Кантовский мир

Прежде чем вернуться к современным философам, есть смысл обратить внимание на две работы Канта, на которые ссылаются почти все «миролюбивые» теоретики МО. Речь идет о его статьях «Идея всеобщей истории во всемирно-гражданском плане» (1784)[1] и «К вечному миру» (1795)[2].

Две названные небольшие статьи Канта получили весьма широкое распространение в политологической литературе, в которой чуть ли не все буржуазные авторы высоко оценили его гуманистические идеи. Это и неудивительно, поскольку в первой статье философ призывал к «*достижению всеобщего правового гражданского общества*» (т. 8, с. 17) и к формированию «*совершенно справедливого гражданского устройства*» (там же, с. 18), одновременно отстаивая идею «всеобщего всемирно-гражданского состояния» (там же, с. 26). Во второй статье Кант пишет о вечном мире и его гарантиях.

Обычно, упомянув все эти пожелания философа, авторы начинают расхваливать мудрость Канта, не вдаваясь в анализ причин этих пожеланий, одновременно опуская ряд интересных его утверждений, которые не укладываются в политические ценности современных буржуазных обществ. Есть смысл восполнить этот пробел.

Прежде всего следует подчеркнуть, что призывы Канта к формированию гражданского и правового общества, а также к всеобщему миру были вполне естественны в конце XVIII века, особенно для тогдашних разрозненных германских государств, которые продолжали прозябать в тенетах феодальных отношений и постоянных войн между собой и с другими государствами. Для Канта,

---

1. *Кант*, т. 8.
2. *Кант*, т. 7.

Глава 1
Философские основы теорий международных отношений

как провозвестника нарождающейся буржуазии (а на написание второй статьи (1795) его вдохновила уже начавшаяся Французская буржуазная революция 1789 г.), представленные взгляды, повторю, были вполне естественны и логичны. Вместе с тем бросается в глаза, что будущее мира он представляет в идеализированном свете, как и многие другие идеологи раннего капитализма. Мечты о «всеобщем правовом гражданском общежитии» оказались полной утопией. И идею эту как раз и утопила та самая буржуазия, в интересах которой выступал великий философ. Причем любопытно: буржуазные идеологи, выступающие против марксизма, не упускают возможности обвинить Маркса в утопизме, однако никогда этого не делают в отношении Канта. Причина проста — Кант их идеолог, их философ, неважно, прав он или нет. Маркс — чужой. Его надо «разоблачать».

Кант их философ не только по политическим взглядам, он их в немалой степени именно по философским основаниям. Дело в том, что саму идею гражданского и правового общества Кант обосновывает... глупостью человеческого рода, «ребяческим тщеславием», «злобой и страстью к разрушению» (т. 8, с. 13). Естественно, ожидать от человечества «разумной собственной цели» не приходится. И тут выручает природа. Оказывается, только у природы есть «определенный план». Кант утверждает:

> Вот почему такое общество, в котором максимальная *свобода под внешними законами* сочетается с непреодолимым принуждением, т.е. совершенно *справедливое гражданское устройство*, должно быть высшей задачей природы для человеческого рода, ибо только посредством разрешения и исполнения этой задачи природа может достигнуть остальных своих целей в отношении нашего рода (там же, с. 18).

И еще:

> Историю человеческого рода в целом можно рассматривать как *выполнение тайного плана природы* — осуществить внутренне и для этой цели также внешне совершенное государственное устройство как единственное состояние, в котором она может полностью развить все задатки, вложенные ею в человечество (там же, с. 23-4. Курсив мой. — *А.Б.*).

Перед нами пример классической телеологии, про которую забывают упомянуть все приверженцы Канта. Но он не просто телеолог, связывающий развитие человечества с законами природы, а также судьбы и провидения, которые жаждут мира и правового государства, он еще и теист в самой натуральной форме. Вот еще один пассаж из второй статьи:

> В механизме природы, которой принадлежит человек (как чувственное существо), обнаруживается форма, лежащая в основе ее существования, которую нельзя понять иначе, как *приписав ей цель, указанную ей творцом мира*, что мы и называем (божественным) провидением... наконец, по отношению к отдельным событиям как божественным целям мы говорим уже не о провидении, а о воле всевышнего (directio extraordinaria), познать которую (указывающую на чудо, хотя события так не называются) действительно есть *безрассудная дерзость человека* (т. 7, с. 27. Курсив мой. — *А.Б.*).

Здесь вся его онтология, телеология, теизм и агностицизм. Весь набор великолепных качеств, о которых мечтает любой уважающий себя позитивист, будь он «нео» или «пост».

Известно, что большинство теоретиков-реалистов указывают на неизбежность войн в силу врожденных человеческих качеств. При этом в качестве аргументов называют работы тех или иных ученых. Но ни разу я не встретил в этой связи упоминания имени Канта. Оказывается, он тоже не обошел эту тему. Вот, во второй статье он утверждает:

> Для самой же войны не нужно особых побудительных оснований: она *привита*, по-видимому, человеческой природе и считается даже чем-то *благородным*, к чему человека побуждает *честолюбие*, а не корысть; это ведет к тому, что воинская доблесть непосредственно оценивается чрезвычайно высоко (у американских дикарей, равно как и у европейских во времена рыцарства) не только во время войны (что справедливо), но также как причина войны, и часто война начиналась только для того, чтобы выказать эту *доблесть* (там же, с. 31. Курсив мой. — *А.Б.*).

Получается, мудрая природа заложила в человека тягу к войне, причем из-за таких не очень важных для выживания качеств, как честолюбие и доблесть. Возможно, великому философу было виднее, но довольно трудно представить, чтобы неандертальцы би-

Глава 1
Философские основы теорий международных отношений

лись с кроманьонцами, не говоря уже об охоте на мамонтов, для демонстрации *честолюбия и доблести*.

При этом удивительно, что все, что бы ни делал человек, от него вообще ничего не зависит, потому что, как пишет Кант,

> когда я говорю о природе: «она хочет, чтобы произошло то или другое», то это не значит, что она возлагает на нас долг делать что-либо (так как это может сделать только свободный от принуждения практический разум), но *делает это сама,* хотим мы этого или нет (fata volentem ducunt, nolentem trahunt) (там же, с. 32. Курсив мой. — *А.Б.*).

Правда, за 11 лет до этого, в первой статье, он же писал: «Все природные задатки живого существа предназначены для совершенного и целесообразного развития» (т. 8, с. 13). Не исключаю, что в эти «живые существа» человек не входил.

Вообще-то эти две статьи демонстрируют очевидное противоречие, которое стараются не замечать приверженцы Канта: природа создаст всеобщий мир посредством человеческого рода, в то же время именно этот род, состоящий из множества «человеков», является источником войн, которые также определены природой. И в таком случае можно ли полагаться на ТАКУЮ природу, которая не соображает, что ее правая рука делает одно, а левая противоположное?

Однако у Канта во второй статье есть некоторые положения, которые авторы также стараются не замечать. Вот одно из них:

> Ни одно государство не должно насильственно вмешиваться в политическое устройство и правление других государств (т. 7, с. 9).

Очень неудобный принцип внешней политики, особенно тех государств, которые стремятся «к миру». Все основные капиталистические государства блестяще опровергли этот постулат своей практикой и продолжают насмехаться над ним в настоящее время. Вместе с тем знаток международных отношений должен знать, что этот постулат входил в качестве одного из принципов доктрины мирного сосуществования на международной арене, на основе которой осуществлялась внешняя политика СССР. В качестве одного из принципов он входит и во внешнеполитическую практику КНР. Но это для теоретиков МО уже не так интересно.

Любопытно еще одно положение Канта, игнорируемое теоретиками. Он пишет:

> Между тем каждое государство (или его верховный глава) желает добиться для себя длительного мирного состояния, чтобы подчинить себе по возможности весь мир» (там же, с. 34).

Это крайне важное наблюдение Канта, на котором придется остановиться отдельно в соответствующем разделе. Здесь же я его напомнил для тех, кто иногда восторгается стремлением того или иного государства «к миру», который на самом деле ему необходимо совершенно в других целях, далеких от альтруизма.

Почти в этом же контексте звучит и такое положение Канта:

> Что же касается других государств, то создание распри между ними — вполне надежное средство под видом помощи слабым подчинить их себе одно за другим (там же, с. 43).

Кажется, Соединенные Штаты очень хорошо усвоили именно этот постулат Канта.

Вот еще одна мудрость Канта, которая игнорируется современными теоретиками, не устающими обвинять некоторые страны в авторитаризме. Удивительно, но философ как бы именно в их адрес написал:

> Что же касается внешних сношений, то от государства нельзя требовать, чтобы оно отказалось от своего *деспотического* устройства (которое могущественнее внешних врагов) до тех пор, пока ему грозит опасность быть немедленно поглощенным другими государствами; при таком положении дел все добрые помыслы следует отложить до лучших времен (там же, с. 40–1. Курсив мой. — *А.Б.*).

Кант, несмотря на свою приверженность и мечту о «правовом государстве», явно лучше понимал, что государственное устройство определяется множеством факторов и обстоятельств внутреннего и внешнего характера. И универсальности в этом вопросе быть не может.

Глава 1
Философские основы теорий международных отношений

Мне пришлось подробно остановиться на этих статьях Канта, чтобы показать, что они часто подаются в фальсифицированном виде, не отражая реальной сути его идей. Но это не должно удивлять. Такая подача материала всего лишь подтверждает, что ТМО, сама область знаний международных отношений являются крайне идеологизированными и политизированными. Это одна из причин, почему последняя пока не превратилась в науку.

Глава 2

Наука и методология

1. Классики постпозитивистского науковедения

Когда автор имеет смелость заявить, что он собирается создать науку, он как минимум обязан разъяснить, что такое наука. Говоря выше о марксизме как науке, я не вдавался в сущностный смысл этого термина как бы в силу его очевидности. На самом деле это не так. Как и любой абстрактный термин, он имеет множество толкований. Споры вокруг слов «наука» и «научный» ведутся давно и среди теоретиков МО хотя бы уже по той причине, что все они давно жаждут перевести область их знания в разряд науки. Это пока не очень получается в немалой степени и потому, что и сами философы, включая профессиональных науковедов, не могут прийти к «консенсусу» относительно этого термина. В определенной степени это нашло отражение в том, что в философских словарях, скажем, в оксфордском и кембриджском, есть статьи «Философия науки», «Феминистская философия науки» и т. д., но нет определения самой *науки*. И все-таки попробуем разобраться, что это такое.

* * *

В предыдущей главе была рассмотрена книга Патрика Джексона с точки зрения философских подходов разбираемых им философов-теоретиков. Но в этой же работе автор анализирует понимание термина *наука* именно теоретиками-международниками.

И обнаруживает, что даже такие столпы, как Ганс Моргентау или Хедли Булл, не очень понимали, что такое наука, претендуя в то же время на то, что их работы являются именно научными. Так, Моргентау, с одной стороны, утверждал, что естественной целью любого *научного* исследования является раскрытие сил, лежащих в основе социальных феноменов и форм их проявления, с другой же стороны, говоря о политике, в основе которой как раз и лежит сила, подчеркивал, что политика — искусство, а не наука. И пытаться превратить политику в науку — это все равно что «демонстрировать интеллектуальную немощь, моральную слепоту и политическую несостоятельность»[1].

Другой классик-теоретик, Е.Х. Карр, тоже постоянно повторял, что его работы представляют собой научные исследования, но ни разу не обмолвился, что же это такое — наука. Однажды между учеными-теоретиками возник спор о том, что является научным исследованием, а что нет. Он принял формы «наука vs традиция» и «количество vs качество». В последнем случае традиционный подход с упором на историю противопоставлялся использованию количественных методов в исследовании МО. Первый подход отстаивали англичане, второй в основном американские теоретики-системники, например М. Каплан.

Проблема заключалась в том, что и среди философов не было, по выражению Джексона, «глобального консенсуса» относительно того, что является полем исследования науки и какие знания можно отнести к «научным» (ibid., p. 11). В начале XX века этой проблемой вплотную занимался так называемый Венский кружок «логических позитивистов» (во главе с Морицем Шликом и Рудольфом Карнапом), затем эта тема плавно перешла в поле зрения Карла Поппера, своего рода родоначальника постпозитивизма, с его знаменитыми «фальсификациями» (т.е. принципом проверяемости). Общая науковедческая концепция Поппера нашла достойных продолжателей, среди которых ярко выделились Томас Кун и Имре Лакатос. Это неудивительно, поскольку «генеральные

---

1. См.: *Jackson*, p. 4.

Глава 2
Наука и методология

представления» последних базировались на тех же позитивистских идеях, хотя и с приставками «нео» или «пост», придававшими классикам позитивизма более современные одежды[1].

Куна и Лакатоса все-таки скорее уже можно отнести не столько к философам, сколько к науковедам, поскольку в принципе их мало волновала философская подоплека их собственных взглядов. Самое же уникальное, говоря о Куне, это то, что, написав классические произведения по науковедению, он, как и Карр и многие другие, так и не сформулировал, что такое наука, а введенному им термину «парадигма» дал несколько десятков определений, видимо, исходя из большого уважения к «плюрализму», столь характерному для западной демократии. Предполагаю, что только благодаря данному термину он стал популярен и широко известен в любой из общественных наук, хотя в его науковедении есть немало плодотворных суждений и умозаключений. Хочу обратить внимание на несколько положений, которые достойны быть воспроизведенными. В своей классической книге он пишет:

> ...переход от ньютоновской к эйнштейновской механике иллюстрирует с полной ясностью научную революцию как *смену понятийной сетки*, через которую ученые рассматривали мир (курсив мой. — А.Б.)[2].

Это важное наблюдение — насчет «понятийной сетки», поскольку новые знания, предусматривающие формулировки новых закономерностей, не могут быть описаны старыми терминами, понятиями и категориями. Или они должны быть переформулированы (тогда начинается путаница со старым их содержанием), или введены новые термины, истолкованные в виде понятий или категорий.

А вот крайне важное утверждение, которое нам понадобится, когда речь пойдет об онтологической (бытийной) силе. Кун пишет:

---

1. В советском науковедении названным ученым было посвящено немало работ не только критического, но и благожелательного содержания. См., например, статью тогдашнего директора Института философии *В.С. Степина* «Становление теории как процесс открытия» (1986).

2. *Кун*. Структура научных революций, с. 141.

> Динамика и электричество не были единственными научными областями, испытавшими влияние поиска *сил, внутренне присущих материи* (там же, с. 145–6. Курсив мой. — А.Б.).

Прошу запомнить это утверждение, весьма необычное для постпозитивиста.

Любопытно и умозаключение, которое направлено не только против телеологов типа Ламарка, Чемберса и Спенсера, но их предшественников и даже самого Канта. Вопреки мнению многих позитивистов, Кун утверждает:

> Но ничто из того, что было или будет сказано, не делает этот процесс эволюции *направленным* к чему-либо. Несомненно, этот пробел обеспокоит многих читателей. Мы слишком привыкли рассматривать науку как предприятие, которое постоянно приближается все ближе и ближе к некой цели, заранее установленной природой. «Происхождение видов» не признавало никакой цели, установленной Богом или природой (там же, с. 220, 221).

В мою задачу здесь не входит критика концепций Куна, которая и без меня с философских и науковедческих позиций дана во многих работах ученых марксистского направления. К примеру, советский философ Э.М. Чудинов подверг убедительной критике положение Куна о том, что *соответствие* характеризует якобы формально-математический аспект теории и не затрагивает их содержания[1]. Повторяю, у меня другая задача: выявить как раз те его идеи, которые продуктивно можно было бы использовать в ТМО.

Теперь разберемся с Лакатосом, который у теоретиков в бо́льшем почете, чем Кун. На это указывает специальная работа теоретиков с предисловием Кеннета Уолца, в которой анализировались идеи Лакатоса, оказавшие большое влияние на международников. Известно, что Лакатос ввел понятие *научно-исследовательские программы* взамен куновских парадигм. Их он и анализирует на основе собственной методологии с внедрением таких терминов, как *фаллибилизм*, означающий погрешность (кажется, позаимствованный у Ч. Пирса), *джастификационизм*, *пробабилизм* и

---

1. См.: *Чудинов*. Природа научной истины, с. 282–7.

Глава 2
Наука и методология

т.д., значения которых понятны всем, кто знает английский язык. Рассмотрим, за что же его полюбили теоретики.

Уолц в своем вступлении пишет:

> Лакатос смотрит сразу же в суть проблемы. Его афоризм звучит так: «Мы не можем доказать теории, точно так же как и не можем их опровергнуть». Он прав, в частности, потому, что факты не более независимы от теорий, чем теории от фактов[1].

Добавление, сделанное Уолцем, звучит более чем странно: факты и теория, безусловно, взаимосвязаны, однако, как показывает практика научных исследований, обычно факты предшествуют созданию теорий. Крайне редко бывает наоборот. А сама теория проверяется подтверждаемостью и повторяемостью фактов. И если они адекватно отражают реальность, то, следовательно, и теория отражает реальность, а если не отражают, то теория признается ложной. И почему это нельзя доказать, совершенно непонятно.

В поддержку Лакатоса Уолц приводит «убийственный» пример: Земля центр вселенной, и Солнце и другие небесные тела вращаются вокруг Земли. Это вера принималась как факт в древности и в Средние века. И он легко «подтверждался» тем, чтó люди видели. «Однако со времен Коперника новые теории изменили старые факты» (ibid., p. viii).

Это типичный позитивистский взгляд на ситуацию. Видимо, Уолц не подумал о том, что Коперник вряд ли стал создавать новую теорию из праздного любопытства. В те времена (конец XV – середина XVI в.), в период географических открытий требовались новые приборы и точная картина неба. Моряки, прежде всего португальцы, стали замечать, что расположение звезд и прочих светил не совпадает с их обозначением на картах, созданных Птоломеем на основе его труда «Альмагест». Это становилось все более очевидным по мере развития математики в Европе и с созданием более совершенных приборов (большая заслуга в этом принадлежит не очень известным ученым-математикам Пурбаху и его ученику

---

1. Цит. по: *Progress* in International Relations Theory: Appraising the Field, p. viii.

Региомонтану)[1]. Таким образом, общественная потребность и все новые факты, противоречившие старой теории, потребовали новых теорий. Естественно, свою роль могли сыграть и личные качества Коперника, который, по словам одного из исследователей его творчества, совершил революционное изменение по причине «чистой эстетики и философии». Возможно, но это не так важно. Важно то, что если бы не он, так другой совершил бы аналогичный переворот, поскольку этого требовало время, время Возрождения, время начала великих открытий в истории человечества. Другими словами, не сами по себе новые теории изменили старые факты, а именно новая эпоха с новыми потребностями изменили старую теорию. Позитивисты же рассматривают взаимосвязи теорий и фактов совсем не в той плоскости, точнее, в отрыве от исторического времени и тогдашнего бытия. И такие вневременные факты они, включая Лакатоса, приводят постоянно.

Между прочим, сам Коперник в знаменитом труде «Об обращении небесных сфер» (De revolutionibus orbium coelestium) писал:

> Таким образом, мы просто следуем Природе, которая ничего не создает напрасно и избыточно, часто предпочитает наделить одну причину многими последствиями[2].

Заметьте, природа у Коперника существует сама по себе, независимо от «эксперимента» и «познания», против чего выступают позитивисты.

Взаимоотношения между теориями и фактами являются одним из важных методологических постулатов неопозитивистов, которые приоритет отдают именно теориям. Лакатос утверждает: «Прогресс измеряется той степенью, в какой ряд теорий ведет к открытию новых фактов»[3]. И далее важное продолжение:

---

1. Подр. см.: *Вернадский*. Труды по всеобщей истории науки, с. 139–150.
2. Цит. по: *Bernal*. Science in History, p. 279.
3. *Лакатос*. Фальсификация и методология научно-исследовательских программ, с. 306.

Глава 2
Наука и методология

> История науки была и будет историей соперничества исследовательских программ (или, если угодно, «парадигм»), но она не была и не должна быть чередованием периодов нормальной науки: чем быстрее начинается соперничество, тем лучше для прогресса. «Теоретический плюрализм» лучше, чем «теоретический монизм». Здесь я согласен с Поппером и Фейерабендом и не согласен с Куном (там же, с. 348).

Любой марксист согласится с подобным утверждением насчет необходимости борьбы и соперничества школ. Весь вопрос только в том, ради чего происходит эта борьба? Ради ее самой, чтобы продемонстрировать политкорректность относительно друг друга? В таком случае в каких отношениях «теоретический плюрализм» окажется с истиной, которая все-таки «монична», а не «плюралистична». Лакатос сам же в другой работе пишет: «...высшая цель науки состоит в постижении истины...»[1]. Очевидно, что под «истиной» Лакатос и его приверженцы понимают нечто иное. И оно тут же просвечивается, если привести его цитату полностью:

> Признавая, что высшая цель науки состоит в постижении истины, следует отдавать себе отчет в том, что путь к истине ведет через ряд постепенно улучшающихся ложных теорий (там же, с. 597).

Улучшать ложные теории — действительно необычный путь к истине. Видимо, Копернику надо было не создавать новую теорию, а просто улучшить старую, птоломеевскую. Между прочим, отцы религии, теологии только тем и занимаются, что «улучшают» теории о боге, приспосабливая их к современным реальностям. В науке же ложные теории, если это доказано на практике, не улучшают, а отбрасывают, оставляя историкам науки.

У Лакатоса, так же как у Куна, представлены интересные идеи перехода от одной «парадигмы» к другой, т.е. своего рода революционные скачки от одной системы взглядов на те или иные крупные научные проблемы к другой. (Речь идет в основном о естественных науках.) Хотя они по-разному эти скачки интерпретируют, тем не менее в анализе этого процесса в их работах можно

---

1. *Лакатос.* История науки и ее рациональные реконструкции, с. 457.

найти много ценных наблюдений и определенных закономерностей. Но если говорить об их взглядах на науку в целом, то мне почему-то хочется привести любимую поговорку самого Лакатоса, который любил ее часто повторять: «…большинство ученых имеют такое же представление о том, что такое наука, как рыбы — о гидродинамике»[1].

Классики западного науковедения избежали соблазна дать определение науки, которое, возможно, им и не было нужно. Как не без юмора предполагает Патрик Джексон, может быть, такой же «продуктивной попыткой» был бы простой отказ от разговоров о «науке» в дискуссиях по МО[2]. И тогда, говоря словами одного из героев Салтыкова-Щедрина, «все сие, сделавшись невидимым, много тебе в действии облегчит».

Однако другие ученые не оставляли попыток определить понятие «наука». Так, у известного английского философа Исайи Берлина есть работа, посвященная понятиям и категориям, в одной из глав которой («Понятие научной истории») он формулирует понятие науки. Оно сводится к следующему: «…там, где понятия тверды, ясны и в основном приняты, а методы логических доказательств, приводящих к заключениям, одобрены людьми (по крайней мере большинством тех, кто хоть как-то занимается этими проблемами), здесь и только здесь возможно построить науку, формальную и эмпирическую»[3]. В этом рассуждении смущает момент «одобрения» со стороны ученых, очень сильно отдающий субъективизмом. Причем этот момент «одобрения» (accepted science) Берлин педалирует и в других частях данной главы.

Вряд ли можно принять такой подход в определении науки, в истории которой не раз и не два многие науки, «одобренные» большинством «экспертов», оказывались ненаучными. Причем речь не

---

1. *Лакатос.* Фальсификация и методология научно-исследовательских программ, с. 407.
2. *Jackson*, p. 18. Между прочим, такие же предложения делались и в отношении понятия сила.
3. *Berlin.* Concept and Categories, p. 145.

Глава 2
Наука и методология

идет об общественных науках, поневоле крайне идеологизированных. Но даже история естественных наук опровергает подобное допущение. Алхимия, астрология со своими понятиями и методами одобрялись явным большинством «ученых». А русские космисты до сих пор играют определенную роль, например в российской космогонии.

Посмотрим, как определяют науку другие ученые. Правда, как выразился уже упоминавшийся Патрик Джексон, как только «мы обращаемся к слову наука мы в буквальном смысле играем с огнем»[1]. Но, как говорится, «игра стоит свеч». Поскольку Джексон не нашел внятного определения науки среди теоретиков-международников, он обратился к профессиональным философам. Среди них оказался упоминавшийся Колин Вайт, который предложил такой вариант:

> То, что отличает научные знания, — это не методы их приобретения, не непреложная природа знаний, а цель самих знаний, — которая, по мнению Джексона, — рассматривается как «объяснительное содержание» научных знаний (ibid., p. 18).

Такая постановка, очевидно, понравилась Джексону, поскольку она вытекает из концепции знания Макса Вебера, который также определял науку не как метод, а как цель (ibid., p. 20). Именно такой, веберовской позиции придерживается и сам Джексон. Впоследствии уточняется, что эта цель заключается в «объяснении» и «понимании» мира.

Проблема в том, что подобное определение — наука есть цель объяснения мира — не является понятием, отличающимся, например, от понятия искусства или литературы. Оба этих явления также имеют «внутреннюю цель» объяснить мир средствами собственного языка. Другими словами, хотя в веберовском умозаключении и есть некоторый смысл, но он просто обозначает, возможно, главную функцию науки, но не вскрывает явление комплексно, скажем, в форме целостной парадигмы.

---

1. *Jackson*, p. 17.

Другой американский философ, Стэнли Аранович, не давая определения термина *наука*, тем не менее описывает его элементы. Вот они:

> Во-первых, исключается качественное, или, если быть более точным, качество исключается из объективного мира; количественные отношения, выраженные на языке математики, становятся общим языком всех исследований, которые претендуют на содержательность знания; во-вторых, императивом эмпирических исследований является исключение спекуляций, который возможны только на начальной стадии; в-третьих, провозглашается, что подлинные знания свободны от ценностных ориентаций, или интересов; в-четвертых, методу придается первостепенное значение в подтверждении научного знания. Все это вместе взятое означает, что научная сила (power) становится принудительной точно так же, как вера в божественность стала истиной (а в некоторых местах все еще остается истиной) у многих наций. Как бог принимается в качестве аксиомы, так и четыре элемента науки в целом вне дискуссий[1].

В этой «сетке элементов» науки автор пытался объективизировать саму науку, отделить главного субъекта науки — ученого от науки и придать ей статус силы, которой должны все подчиняться. Аранович, видимо, сам не замечает, что, если исключить «качество» (первый элемент) из объективного мира, он, этот мир, превращается в однообразную пустыню, в которой нет отличия лесов от гор, солнца от луны и т.д., а остается чисто арифметическое перечисление, непонятно чего? Отсутствие же «спекуляций», т.е. размышлений и обсуждений проблем, намекает на то, что наукой будут заниматься роботы или киборги. Что же касается третьего и четвертого элементов, то с ними можно согласиться: ведь действительно ценности, т.е. «знания» беспартийны, а о значении метода вообще мало кто будет спорить.

Я мог бы привести суждения других западных науковедов и философов, но они практически ничем не будут отличаться от уже приведенных дефиниций науки. Это естественно, поскольку, несмотря на плюрализм, все западные ученые варятся в одной «парадигме». В результате у нас пока нет научного определения термина *наука*.

---

1. *Aranovich.* Science as Power, p. x.

Глава 2
Наука и методология

* * *

Вообще-то это неслучайно. Подобная научная неопределенность относится ко всем разновидностям общественных наук в капиталистических обществах и характерна именно для нынешней стадии капитализма. Когда-то буржуазная наука, особенно в начальной стадии развития капитализма, сделала гигантский скачок во всех сферах познания, в том числе и общественной. В настоящее время, которое многими оценивается как «пик постиндустриального капитализма», поскольку он, одолев «коммунизм», фактически стал мировой системой, буржуазная наука стала терять свои научные качества. Достигнув высокого материального благополучия, капитализм перестал нуждаться в духовности и научности. Как писал в одной из статей о Просвещении тот же Кант: «Мне нет надобности мыслить, если я в состоянии платить…» (т. 8, с. 29). Подтверждает эту истину бросающаяся в глаза деградация всех капиталистических обществ. Они перестали интересоваться научной истиной, за исключением «полезных» истин в духе прагматизма. Наука превратилась в идеологическую служанку нынешней системы, приблизительно так же, как общественные науки в советское время в основном обслуживали идеологические установки «партии и правительства».

Прагматичная идеологичность буржуазной науки ярче всего проявляется в двойных стандартах. Что правильно, скажем, для США (агрессия, силовой контроль своих союзников и т.д.), то неверно для идеологических врагов (в свое время для СССР, ныне для Китая).

Взять, например, экономическую область. Буржуазных экономистов не интересует система или механизм современной эксплуатации, скажем, в сфере хеджирования, давшей наибольший прирост пузырей в мировой экономике. Они сфокусировались на прикладных проблемах, решение которых могло бы смягчить нынешние кризисы как в мировой экономике, так и на уровне конкретных стран. Анализируются соотношения между некоторыми составляющими рыночной экономики (спрос, предложение, инфляция, безработица, госрегулирование). Несмотря на их прикладную важность, эти темы не раскрывают комплексной картины работы современного капитализма. В философии данный подход находит свое выражение во фрагментации проблем, за которыми нет уже никакой науки. Достаточно почитать работы Жана Бодрияра или книжки профессора Стивена Хэйлса типа «Пиво и философия» (это касается искусства и других форм творческой деятельности). Естественно, в последующем подобное умозаключение будет проиллюстрировано на работах и по ТМО, и по политологии. Сказанное не означает, что работы буржуазных авторов вообще не имеют научной ценности. Очень многие исследования затрагивают важные темы, раскрывающие многие проблемы, которые, однако, носят в основном прикладной характер, особенно в сфере естественных наук.

Сильной стороной нынешних буржуазных ученых является применение ими различных инструментов и методов анализа в науке (структурализм, системный подход, математические подходы, теория игр и др.). Другое дело, что зачастую эти инструменты не столько проясняют истину, сколько затушевывают ее, нередко размывая тему в пустяках. И здесь необходимо четко осознавать, какой инструмент анализа подходит для решения той или иной проблемы. Бездумное их использование в качестве универсальных методов, между прочим, характерное и для ТМО, просто искажает объективную реальность. Эти вещи, разумеется, будут подробно проанализированы в соответствующих местах работы.

2. Нелинейные подходы к изучению мировых отношений

Теория сложности

Международные события 1990-х годов оказались настолько необычными с точки зрения их прогнозов и объяснений традиционными методами, что вынудили часть международников обратиться к нестандартным подходам, среди которых наибольшую популярность начала приобретать теория сложности (Complexity Theory). Ее истоки лежат в разработках неравновесных (нелинейных) систем, в основе которых лежит идея о том, что главными характеристиками любой открытой системы является состояние неустойчивости, нестабильности и неоднородности. Однако если в 1960–1980-е годы к этому методу прибегали преимущественно исследователи природных явлений (например, в связи с прогнозированием погоды)[1], то в начале 1990-х годов к нему обратились специалисты в других областях, и прежде всего в сфере военного прогнозирования. Повышенное внимание этой теории уделяется в американском Университете национальной безопасности, который в ноябре 1996 г. провел конференцию под названием «Сложность, глобальная политика и национальная безопасность» с участием видных специалистов в области международных отношений[2].

Мне уже приходилось разбирать теорию сложности в контексте «прогресса» в органическом мире. Оказалось, что среди биологов нет согласованной позиции относительно данной теории

---

1. См.: *Gleick*. Chaos: Making a New Science.
2. *Complexity*, Global Politics, and National Security.

и особенно ее полезности для биологической науки[1]. К примеру, против понятия *сложность* выступал крупнейший эволюционист Стефан Дж. Гулд, полагавший, что этот термин только запутывает суть эволюционного процесса. Посмотрим, как эта теория работает на поле международников. Я не собираюсь слишком детально углубляться в методологические основы данной теории, поскольку на эту тему написаны сотни работ. Моя задача иная: показать, какие аспекты данной теории международники могут использовать в своих исследованиях и насколько это может оказаться продуктивным.

А теперь возвращаемся к упомянутой конференции, точнее, к последовавшей за ней публикации.

Приверженцы теории сложности исходят из того, что в линейных системах выход пропорционален входу, целостность в них равна сумме их частей и наблюдаются причинно-следственные связи. То есть это такая среда, где предсказание отличается тщательным планированием, успех определяется детальным прослеживанием и контролем. В таких системах сложную проблему можно свести к простой (редукционизм), которая поддается логическому анализу.

В нелинейной системе, например в таком явлении, как война, вход и выход непропорциональны, целостность количественно не равна ее частям или даже может качественно отличаться в ее компонентах. Отсюда причины и следствия не очевидны. Это такая среда, где явления непредсказуемы, но внутренние определенные границы самоорганизуемы, где непредсказуемость делает бессмысленным планирование, где решение как самоорганизация побеждает контроль и где сами «границы» являются действующими переменными, требующими новых типов мышления и действий.

Если коротко, то различие между линейным и нелинейным подходом, по словам Роберта Джервиса (Колумбийский университет), заключается в том, что первый подход исходит из двух

---

1. См.: *Бэттлер*. Диалектика силы, с. 188–92.

Глава 2
Наука и методология

предпосылок: 1) изменения в системе выхода пропорциональны изменениям в системе входа и 2) система выхода, соответствующая сумме двух входов, равна сумме выхода, вытекающего из индивидуального входа. А в нелинейном подходе таких зависимостей не существует[1].

Эти общие положения конкретизирует известный физик, лауреат Нобелевской премии Мюррей Гелл-Манн. Прежде всего он предупреждает, что термин *хаотичность* не адекватен термину *сложность*. В беспорядочно скрученном мотке проволоки отсутствует регулятивность (упорядоченность или некая закономерность), за исключением ее длины, и потому его только с очень большой натяжкой можно отнести к разряду сложных явлений (ibid., p. 3).

Гелл-Манн вводит термин *алгоритмическое информационное содержание* (АИС), который будет понятен из рассуждений, представленных в его работе, на которую ссылается другой адепт этой теории, Нейл Харрисон. Суть термина в следующем.

Одним из показателей сложности является длина наиболее краткого сообщения, которое полностью описывает систему. Описание, к примеру, ягуара длиннее, чем кварка. Если все модули системы одинаковы, описание системы короче, поскольку в деталях надо описывать только одну единицу. Следовательно, гетерогенность различных частей системы увеличивает длину описания. Как раз длина самой короткой программы и называется АИС.

Чтобы обладать свойствами высокой сложности, целостность должна иметь промежуточное АИС и подчиняться набору правил, требующих длинного описания. Это то же самое, когда мы говорим, что грамматика определенного языка сложная или что определенный конгломерат корпораций является сложной организацией. Иными словами, описание более сложно устроенной закономерности занимает более долгое время.

---

1. См.: *Complexity*, Global Politics, and National Security, p. 22.

Таким образом, сложность в теории сложности определяется длиной описания того или иного явления. Довольно неубедительная посылка, претендующая на фундаментальность. Во-первых, такая посылка не учитывает описание явлений или целостности, принадлежащих к разным системам координат их существования. Кварк и ягуар принадлежат к разным мирам и подчиняются разным закономерностям. Во-вторых, длина описания зависит от познанности объекта: чем глубже он познан, тем короче будет его описание вплоть до известной короткой формулы Эйнштейна, за которой стоит бездна сложностей. В-третьих, сама длина описания может зависеть от некоторых теоретических рамок, которые вполне достаточны для того или иного рода исследований. И главное, в таком подходе заложено очень много субъективных факторов искусственного характера, которые сводят на нет его значимость для науки.

Приверженцы теории сложности настаивают на том, что мир движется по воле случая, точнее, случайности. Гелл-Манн, например, пишет, что много миллиардов лет назад флуктуация произвела нашу галактику, за которой последовали случайности, содействовавшие формированию Солнечной системы, включая планету Земля. Затем были случайности, породившие биологическую эволюцию, в том числе характеристики подвида, который мы оптимистично называем «хомо сапиенс». Весь этот ряд случайностей был нужен Гелл-Манну для того, чтобы сделать главный вывод:

> Сейчас наибольшие случайности в истории Вселенной не сильно отличаются от всевозможных историй, которые нас интересуют (ibid., p. 7).

Посылка вполне очевидная: то есть и вся наша нынешняя история, включая и международные отношения, — это все тот же набор случайностей, которые, понятно, невозможно ни прогнозировать, ни контролировать.

Сама по себе идея случайности неплоха, особенно в противовес всяческим теориям сотворения и «дизайна» или различным вариантам антропности. Но уважаемый Гелл-Манн почему-то не замечает, что после любой случайности — а это скачок — наступает закономерность, причем особенно в физическом мире, весьма длительная, как, например, закон гравитации или многие законы органического мира.

В теории сложности есть интересные и важные методические блоки, которые возможно применять в некоторых естественных науках, но они плохо приспособлены для анализа международных отношений. И показателем этого являются рассуждения уважаемого физика относительно этих отношений.

Он совершенно справедливо говорит о том, что достижение необходимого баланса между сотрудничеством и конкуренцией является наиболее сложной проблемой на всех уровнях. И предлагает, чтобы все прониклись «планетарным сознанием», чувством солидарности со всем человечеством. Для этого надо признать идею взаимозависимости всех людей и всех сторон жизни, что, дескать, позволит решать долгосрочные проблемы мира наряду с локальными проблемами. И сам же пишет:

> Этот переход может показаться даже более утопическим, чем некоторые другие, но если мы хотим управлять конфликтом, который основан на разрушительном партикуляризме, очень важно, чтобы группы людей, которые традиционно противостояли друг другу, признали свою общность как человечество (ibid., p. 11).

Все это прекрасно, но где в таких рассуждениях следы теории сложности? Это слова гуманиста, действительно наивного, но не умозаключения ученого, опирающегося на специфическую методологию, которая способствовала бы углублению знаний закономерностей международных отношений.

Следует отметить, что не все участники упомянутой конференции, посвященной теории сложности, с пониманием отнеслись к этой теории и ее инструментарию. Например, выступление Зб. Бжезинского, как он сам заявил, было «передышкой» от этой теории (ibid., p. 13), а в выступлении известного теоретика Джеймса Розенау (Университет Джорджа Вашингтона) прозвучала завуалированная критика, которая не для всех выглядела очевидной.

Розенау заменяет слово *элементы* (системы) на слово *агенты*, в результате чего получается совершенно иной образ явлений, который посрамляет теорию сложности. Он пишет:

> Взаимоотношения между агентами — это то, что делает их системой. А способность агентов сломать рутину и таким образом инициировать неизвестные обратные процессы — это то, что делает систему сложной (хотя в простой системе все агенты постоянно действуют описанным способом). Способность агентов действовать коллективно против новых вызовов — это то, что делает их взаимоотношения адаптивными системами (ibid., p. 36).

Проницательный читатель сразу же поймет, что в интерпретации Розенау общественные системы состоят не из бездушных *элементов*, которые могут в соответствии с теорией сложности двигаться в любых направлениях, а следовательно, они непредсказуемы. Вместо *элементов* у Розенау *агенты*, т.е. социальные единицы, которые в рутинном варианте легко предсказуемы, да и в нерутинном (когда что-то «сыниициировалось»), хотя и делают систему «сложной», но одновременно при «коллективном действии» — адаптивной, т.е. предсказуемой.

К примеру, НАТО 1949 г. отличается от НАТО 1999 г. и от НАТО 2006 г., но при всех вариантах НАТО по своей сути остается НАТО — военной организацией, нацеленной на обеспечение безопасности ее членов. То есть, пишет Розенау, «естественная структура» не меняется даже если в ней появляются новые члены (или «элементы» по теории сложности, хотя на самом деле они агенты). Ссылаясь на Роджера Льюиса, он утверждает, что жизнь любой системы, «на любом уровне это не смена одной чертовщины другой, а результат фундаментальной внутренней динамики» (ibid.).

Розенау хотя и не прямо, но пытался своими примерами показать, что теория сложности не может адекватно отразить общественные явления, в том числе и международные отношения, поскольку они не мертвые «элементы», а социальные организмы, работающие по определенным законам общественной жизни.

Вместе с тем Розенау не может избежать давления позитивистского мышления, постулируя: «Понимание, а не предсказание

Глава 2
Наука и методология

является задачей теории» (ibid., p. 40).

Это чисто позитивистский подход, который предполагает обычно описание текущего *явления*, а не на его сути. Понимание необходимо только для того, чтобы проникнуть в явление и, растворяясь в нем, выяснить его сущность, и, следовательно, объяснить форму и содержание его существования, а значит, и предсказать его поведение. Понимание — это просто одно из звеньев познания, а не его конец.

Весьма любопытно, что другой критик теории сложности, Стивен Р. Манн (госдепартамент США), оппонирует ей с другой стороны. Как чистый практик, он, судя по всему, вообще скептически относится к научному познанию мира, уповая на «искусство» в том смысле, что вся внешняя политика, стратегия и другие аналогичные вещи — это «искусство дипломатии». И вообще «искусство находится в состоянии войны с природой» (ibid., p. 62). И даже говоря о хаосе (в контексте теории сложности), важен не сам хаос, а как мы реагируем на хаос, прежде всего в контексте хаос-стабильность.

Он считает, что «все стабильности — это метастабильности, временные стабильности» (ibid., p. 66). А именно это не учитывается политиками, которые выдают желаемое за действительное. Поэтому правильное прогнозирование требует искусства во внешней политике. Подтекст такой: дело не в сложности систем, которые невозможно прогнозировать. В этой связи он приводит пример с СССР. «Когда произошел распад Советского Союза? — спрашивает Манн. — В ноябре 1989 г. (разрушение Берлинской стены)? В 1990 г. (провозглашение суверенитета России парламентом)?» И отвечает: «Бесспорно, однако, центральным пунктом был путч 19 августа 1991 г.» (ibid.). И вообще «не каждый хаос плох и не каждая стабильность хороша» (ibid., p. 68). Тем самым он хотел сказать, что именно путч, т.е. хаос, и был хорошим явлением для Запада, а не стабильный Советский Союз. Кроме того, по его мнению, с точки зрения анализа внешней политики и мировой ситуации «ключом являются национальные интересы, а не международная стабильность» (ibid.). Поскольку сама теория сложности базируется на теории хаоса и на стабильности-нестабильности открытой системы, отсюда нетрудно вывести отношение Манна к этой теории.

Он, естественно, не отрицает хаос как одно из явлений на международной арене, но политики обязаны обуздать его на основе искусства дипломатии, рассматривая мир как он есть, а не таким, каким мы хотим, чтобы он был.

А вот рассуждения еще одного участника конференции, физика Элвина Сейперстейна (Wayne State University). Он определяет сложность как связку (совокупность) детерминистских теорий, которые не обязательно ведут к долгосрочным прогнозам. Это потому, что будущее прогнозируется на основе настоящего, но мы не можем быть четко уверены в правильной оценке настоящего (ibid., p. 58).

Положение усугубляется тем, что любая система устремляется к хаосу, следовательно, предсказать поведение системы практически невозможно. Но, оказывается, возможно предсказать вероятность самого хаоса или хаотичного поведения. И это дает политику в руки инструмент для того, чтобы избежать «опасного поведения». «Таким образом, — пишет физик, — любая детерминистская модель, в явной или неявной форме, на основе которой базируется прогноз, дает возможность "заглянуть в будущее"... Следовательно, способность прогнозировать непредсказуемое является очень полезным инструментом для принятия политических решений» (ibid., p. 48). В этих целях он предлагает использовать количественные модели динамических систем. Если же они будут недостаточны, то следует обращаться к «вербальным моделям, которые имеют долгую историю и потенциал» (ibid., p. 57).

Здесь Сейперстейн фактически излагает действие закона возрастания энтропии в закрытых системах, который применим к любым явлениям. Мне не надо быть специалистом ни в одной области, чтобы стопроцентно утверждать устремленность любой совокупности явлений к хаосу. Но мне надо обладать определенной суммой знаний, чтобы понять, в каких формах и в каких структурных или пространственно-временных режимах работает закон энтропии, что позволит направить его энергию на достижение необходимого мне результата, например в системе мировых отношений. И я сильно не уверен, что теория сложности может быть мне в этом полезной. Самое любопытное, что и сам физик склоняется к такому же выводу. Он пишет:

> Для меня не очевидно, что единственная метафора / инструмент — типа хаоса — подходит или вообще может быть полезна для нас, когда имеешь дело с мировой системой, которая характеризуется термином сложность (ibid., p. 55).

Главное достоинство всей этой теории, по мнению Сейперстейна, заключается в следующем: «Когда все сказано и сделано на стратегическом уровне, наиболее полезные аспекты метафор хаоса и сложности — это напомнить нам и помочь нам не свалиться в хаос» (ibid., p. 58).

И только!

* * *

После этой конференции было немало других конференций и публикаций на тему теории сложности. Например, одна из книг называлась «Сложность в мировой политике: понятия и методы новой парадигмы» под редакцией Нейла Харрисона[1], авторами которой были новые приверженцы теории сложности (среди участников, правда, был и Джеймс Розенау). О самой теории как методе они фактически повторили все ранее сказанное. В своих же рассуждениях на конкретные международные темы от этой теории оставили только термин *сложность*. Видимо, теория сложности как некая целостная методология так и не стала операционным инструментом анализа международных отношений. Что в общем-то и неудивительно.

В то же время вызывает удивление другое. Авторы продолжают обсуждать проблемы, которые, как мне казалось, были решены задолго до их дискуссий. Например, дискуссионной проблемой оста-

---

1. *Complexity* in World Politics : Concepts and Methods of a New Paradigm.

лась тема государства: является ли оно замкнутой или открытой системой. Всерьез обсуждается и тема «различных онтологических слоев в мире», под которыми понимаются система, государство, общество, правительство и индивидуум. Один из авторов, Дэвид Сингер, в одной из частей, написанной в паре с Харрисоном, ссылаясь на свою раннюю работу, пишет в этой связи:

> Возможно, фатальный… недостаток заключается в общей тенденции сосредоточиться только на одном уровне анализа, а не иметь дело с взаимодействиями, которые происходят на нескольких соответствующих уровнях. Привычная сосредоточенность на одном-единственном уровне анализа мешает теоретикам видеть внушительные процессы на других уровнях анализа (ibid., p. 26).

Вообще-то данное утверждение довольно странное, поскольку в любой книге по международным отношениям в той или иной степени затрагиваются все указанные «онтологические слои». Хотя, естественно, и среди международников существует специализация, обязывающая их сосредотачиваться на каком-то конкретном «слое». Просто надо четко различать общие и конкретные работы, фундаментальные и прикладные. Здесь нет места дискуссиям.

Искусственной мне представляется и тема, поднятая Харрисоном. Он, например, делает такие «открытия»:

> …социальные системы не являются бинарными, например авторитарными или не авторитарными. Я полагаю, что все общества являются сложными и могут быть смоделированными на базе понятий сложности. Но некоторые имеют более централизованный контроль и поэтому менее сложны, чем другие (ibid., p. 188).

Это отголосок прошлых дискуссий о том, что чем более централизован контроль, тем система менее сложна, а следовательно, более прогнозируема, чем децентрализованные системы. В качестве примера он приводит и такую «истину»: в физическом мире объекты или являются «членами категории или не являются». В том смысле, что электрон — это электрон, молекула — это молекула. А вот человек в качестве субъекта может быть отнесен к одной или к нескольким «референтным группам», к одному или нескольким «психологическим состояниям». «Таким образом, в социальных науках "пересеченность и избыточность" (явления)… является особенно ценным вкладом в накопление знаний» (ibid., p. 187).

Почти двести лет назад Гегель разъяснил, как группировать подобные типы явлений через понятия всеобщее, особенное и единичное. Дискутировать на эту тему в наше время как минимум довольно странно. В понимании таких вещей нужна не теория сложности, а элементарная диалектика, единственным недостатком которой является сложность ее усвоения.

Я не собираюсь призывать к отказу от использования теории сложности в мировых отношениях. Просто пока я не вижу ее продуктивных результатов, точно так же как и идей Пригожина, о которых так много говорят и пишут.

Синергетика Ильи Пригожина

В 1990-е годы популярность среди части международников и политологов получили не только теория сложности, но и так называемые нелинейные подходы познания, связанные с синергетикой и идеями бифуркации и диссипативных структур Ильи Пригожина. Много причин существует для популярности этих теорий, но среди них сразу бросаются в глаза две. Во-первых, все эти теории провозглашают невозможность на научной основе в принципе предсказать будущее. Тем самым они «научно» оправдывают провал всех прогнозов теоретиков и международников относительно мировых событий конца XX века. Во-вторых, и это более существенно, все эти теории «опровергают» классический детерминизм, то есть последовательную причинно-следственную связь всех явлений в мире. Особую радость от этого испытывают ученые антикоммунистической ориентации, поскольку, по их мнению, детерминизм встроен в марксистскую парадигму, в ее методы исторического и диалектического материализма. И потому провал детерминизма означает провал марксизма как науки. Точно так же антикоммунистически настроенные ученые радовались «провалу материализма» (=марксизма) в начале 1920-х годов, когда возникли общая теория относительности Эйнштейна и квантовая механика, которые провозгласили «конец материи» и «абсолютных истин». «Конца» не получилось, и относительность истины не отменила ее научность. Теперь на вооружения взяты новые слова: *синергетика*[1], *бифуркация, флуктуация, диссипативные структуры*.

Сразу есть смысл подчеркнуть, что западные ученые более спокойно отнеслись к названным теориям, чем российские антикоммунисты. Одной из причин является поверхностное понимание пригожинской теории хаоса. Дадим для начала слово россиянам, взгляды которых по существу мало чем отличаются от взглядов западных ученых.

Русский социолог-теоретик П. Цыганков пишет:

> Действительно, попытки наивно-детерминистского описания хода истории в духе лапласовской парадигмы — как движения от прошлого через настоящее к заранее заданному будущему — с особой силой обнаруживают свою несостоятельность именно в сфере международных отношений, где господствуют стохастические процессы. Сказанное особо характерно для нынешнего — переходного — этапа в эволюции мирового порядка, характеризующегося повышенной нестабильностью и являющего собой своеобразную точку бифуркации, содержащую в себе множество альтернативных путей развития и, следовательно, не гарантирующую какой-либо предопределенности[2].

Во-первых, «ход истории» никто не описывал в «духе лапласовской парадигмы» хотя бы уже потому, что большинство историков понятия не имеют об этой парадигме. Детерминистский подход

---

1. Поклонники нелинейного подхода рассматривают синергетику как общую методологию познания, а некоторые — как науку, в которую встроены пригожинские понятия типа «бифуркация» и др. В какой-то степени и сами авторы термина «синергетика» воспринимают ее как методологический подход, хотя они его апробировали на познании человеческого мышления. — См: *Хакен, Хакен-Крель*. Тайны восприятия. Синергетика как ключ к мозгу.

2. *Цыганков*. Теория международных отношений, с. 65.

Глава 2
Наука и методология

оказывался весьма плодотворным при описании перехода многих феодальных государств в буржуазные на примере стран Европы, например Германии XIX века. Во-вторых, стохастические (случайные) процессы имеют место не только в сфере международных отношений, но и в мире органики и неорганики, для объяснений которых как раз и были разработаны стохастические уравнения. В-третьих, «нестабильность» характерна не только для нынешнего «переходного» периода, она в мировой истории постоянно перемежалась или соседствовала со стабильностью. В-четвертых, само слово «бифуркация» означает «раздвоение», т.е. подразумевает «не множество альтернативных путей», а всего лишь два пути. Которые нетрудно предсказать с полной «предопределенностью» при наличии научных инструментов анализа общественных процессов.

Автор, критикуя «ортодоксальный марксизм» и углубляя свой тезис против детерминизма, пишет:

> Однако в последние годы, как уже отмечалось выше, детерминизм, с позиций которого случайность, по сути, изгонялась из научных теорий, был серьезно потеснен в самих своих основаниях… Появление и развитие синергетики — науки о возникновении порядка из хаоса, о самоорганизации — позволило увидеть мир с другой стороны. Илья Пригожин показал, что в точках бифуркации детерминистские описания в принципе невозможны (там же, с.79).

Такое ощущение, что П. Цыганков не читал классическую работу Пригожина (и Стенгерс), ссылаясь на работы авторов-интерпретаторов пригожинской теории. Марксизму вновь приписывается то, против чего он сам активно боролся и борется: будто бы «случайность» изгоняется из «детерминизма». Такое утверждали как раз «до-марксисты». Марксисты же, следуя диалектике Гегеля, как раз настаивали, что сама диалектика движения требует взаимодействия случайности и закономерности. Уже упоминавшийся биолог-эволюционист (=детерминист) Стефан Дж. Гулд свою «модель прерывистого равновесия» объяснял скачками и случайностями. И таких ученых можно было бы привести немало. Что же касается бифуркации, то автор, ссылаясь на Пригожина, забыл указать, в каком контексте у него шла речь о бифуркации, в каком из миров ее результаты непредсказуемы.

Поэтому лучше обратиться к самому Пригожину. В отличие от своих последователей ученый крайне осторожен в применимости своих суждений в других науках, особенно общественных. Всем теоретикам-международникам следует запомнить такое его умозаключение, сделанное в соавторстве с И. Стенгерс:

> Ввиду сложности затронутых нами вопросов мы вряд ли вправе умолчать о том, что традиционная интерпретация биологической и социальной эволюции весьма неудачно использует понятия и методы, заимствованные из физики, — неудачно потому, что они применимы в весьма узкой области физики и аналогия между ними и социальными или экономическими явлениями лишена всякого основания[1].

Это не означает, что он полностью отрицал применимость своих идей к общественным наукам. Некоторые из них носят науковедческий характер, а другие, связанные со «стрелой времени», Вторым началом термодинамики вкупе со связкой «энтропия-информация», универсальны, в том числе распространяются и на общественные науки. Несмотря на это, он предупреждает:

> Ясно, что, применяя естественно-научные понятия к социологии или экономике, необходимо *соблюдать осторожность*. Люди — не динамические объекты, и переход к термодинамике недопустимо формулировать как принцип отбора, подкрепляемый динамикой. На человеческом уровне необратимость обретает более глубокий смысл, который для нас неотделим от смысла нашего существования (там же, с. 262. Курсив мой. — А.Б.).

Между прочим, в отличие от многих ученых, труды которых мне пришлось изучить, Пригожин и Стенгерс единственные сослались на произведения Ф. Энгельса («Диалектика природы») и В.И. Ленина («Философские тетради»), высоко оценив их «диалектический материализм» и вклад в борьбу против «механистического мировоззрения». Они писали:

---

1. *Пригожин*, Стенгерс. Порядок из хаоса, с. 185.

Глава 2
Наука и методология

Идея истории природы как неотъемлемой составной части материализма принадлежит К. Марксу и была более подробно развита Ф. Энгельсом. Таким образом, последние события в физике, в частности открытие конструктивной роли необратимости, поставили в естественных науках вопрос, который давно задавали материалисты. Для них понимание природы означало понимание ее как способной порождать человека и человеческое общество (там же, с. 225).

Следует также отметить вклад самого Пригожина в критику постпозитивистов (с. 79) и, между прочим, того же Маха (с. 94–5), которого в свое время раскритиковал Ленин в «Материализме и эмпириокритицизме». Он выбрал даже интересный подзаголовок для одной из глав — Ignoramus et Ignorabimus («Не знаем и не узнаем»), который действительно может служить в качестве девиза позитивистов всех окрасок. Резко критично отозвался Пригожин и об иррационализме в науке, всплеск активности которого пришелся на 1920-е годы в Германии (с. 15). Кстати сказать, аналогичный расцвет иррационализма наблюдается и в современной России: «научный» рынок заполонен работами, построенными на мистицизме и космизме.

И все же следует признать, что некоторые идеи Пригожина действительно могут дать простор для ложных интерпретаций, о которых он сам, скорее всего, и не мог предполагать. Таков в частности, очень важный его постулат о бытии и развитии. В одной из работ он утверждал: «Она (западная философия. — *А.Б.*) часто рассматривает бытие как центральную концепцию, а развитие — как мини-бытие. Именно этот взгляд следуют пересмотреть»[1]. И далее он цитирует «выдающегося» философа Жана Валя, который писал:

> Именно идея развития является первой… Так, не объяснено происхождение этой идеи, нет анализа этой идеи… Мы сможем снова спросить себя, существуют ли мысли о развитии (см: там же, с. 15).

Эти утверждения совершенно непонятны, если иметь в виду, что о развитии как одной из форм движения писали и Гегель (не говоря

---

1. *Пригожин* (ред.). Человек перед лицом неопределенности, с. 14.

уже о гегельянцах), и Маркс, и Энгельс, и многие другие. Историю развития через идею прогресса детально проанализировал Дж. Бэри в работе, опубликованной задолго до книги Жана Валя[1]. Кроме того, развитие в любом случае — это одна из форм движения в общественной жизни, а бытие в принципе не может существовать без движения, оно его атрибут, что в свое время прекрасно доказал Кант в работе «Метафизические начала естествознания». И как минимум из спорного утверждения выводится неприглядная картина взаимоотношений человека с природой, которая рисуется в следующих красках:

> Наука начала успешный диалог с природой. Вместе с тем первым результатом этого диалога явилось открытие *безмолвного* мира. В этом — парадокс классической науки. Она открыла людям мертвую, пассивную природу, поведение которой с полным основанием можно сравнить с поведением автомата: будучи запрограммированным, автомат неукоснительно следует предписаниям, заложенным в программе. В этом смысле диалог с природой вместо того, чтобы способствовать сближению человека с природой, изолировал его от нее. Триумф человеческого разума обернулся печальной истиной. Наука развенчала все, к чему ни прикоснулась[2].

Абсолютно непонятный пессимизм. Почему мир оказался «безмолвным», «мертвым», «пассивным»? И с чего возникла «печальная истина»? И в чем проявилась разрушительная миссия науки? Вопросы, на которые авторы не отвечают. Все это напоминает мне историю человеческого «греха», за который человечество должно постоянно расплачиваться по воле библейских писателей.

Пригожин пишет, что в классические времена отрицалась тема сложности. Неужели он пропустил множество работ Г. Спенсера, который только и писал о сложности. Не менее странно звучит и утверждение авторов о том, что «в наши дни основной акцент научных исследований переместился с субстанции на отношение, связь,

---

1. См: *Bury*. The Idea of Progress. An Inquiry into Its Origin and Growth.
2. *Пригожин, Стенгерс*. Порядок из хаоса, с. 14. Между прочим, аналогичным образом о взаимоотношениях природы и «научного» человека писал Э. Фромм в своей книге «Искусство любви».

время» (с. 17). Все законы Ньютона сформулированы на основе открытых им закономерностей в *отношениях* между различными субстанциями, поскольку последние просто не могут быть проанализированы без отношений, связей, времени. Субстанции не существуют без своих атрибутов (пространство, время, движение, сила).

Лейтмотивом названной основной идеи Пригожина является идея необратимости времени («стрела времени»), построенная на законах функционирования Второго начала термодинамики, и идея бифуркации с непредсказуемыми последствиями. К упомянутому началу в виде закона возрастания энтропии (порядок, хаос, информация) нам придется обращаться не раз и не два, поэтому эту тему здесь можно пропустить. Что же касается бифуркации, то напомню, что сам Пригожин рекомендовал с осторожностью относится к идее бифуркации применительно к другим наукам. Теоретики-международники абсолютизировали эту идею, придав ей универсальное значение, пропустив одновременно и другое замечание Пригожина. А именно:

> Мы считаем, что вблизи бифуркаций основную роль играют флуктуации или случайные элементы, тогда как в *интервалах между бифуркациями доминируют детерминистические аспекты* (с. 161. Курсив мой. — А.Б.).

Другими словами, идея бифуркации не отменяет «детерминистские» законы, они существуют в своей системе координат. Это касается и понятия необратимости. Оно столь же не универсально, как и бифуркация, и также определяется конкретными условиями существования тех или иных явлений.

Известно, что бифуркация предполагает неопределенность, а следовательно, непредсказуемость явления, о чем уже говорилось. На основе этого делается вывод, что такое положение не дает возможности выявить законы или закономерности действия некоего явления. Если это так, то данное положение противоречит даже формальной логике: сама идея бифуркации уже есть закон, если настаивать, что бифуркационные процессы универсальны. Если же она не закон, значит, и сама идея бифуркации не универсальна, а локальна, о чем в принципе говорит и сам Пригожин. Игнорируя многие «осторожные» замечания Пригожина и ссылаясь на интерпретаторов его идей, П. Цыганков пишет:

> Таким образом, в науке появилось новое понимание, в соответствии с которым существует, как правило, множество альтернативных путей развития, в том числе и для человеческой истории, которая тем самым лишается предопределенности. Постепенно утверждается и новое понимание истории — как стохастического процесса, непредсказуемого, непредугаданного, непредопределенного[1].

История человечества, наоборот, показывает, что на самом деле никаких «множеств» нет, а есть два-три варианта развития. Само же развитие может произойти только в том случае, если выбирается один исторически перспективный вариант. Отклонение от него ведет не к развитию, а к гибели, что подтверждается исчезновением множества государств и империй. И даже в органическом мире неверно «выбранный» путь привел к исчезновению 99% органических структур, о чем убедительно, опираясь на факты, показал упоминавшийся Стефан Дж. Гулд.

Неверно также и утверждение, что на основе бифуркации нельзя предсказать, предугадать ход исторического развития. Во-первых, как уже говорилось, закон бифуркации в формулировке Пригожина касается не общественного мира, а органического. В соответствии с законами познания (о чем подробнее будет сказано в дальнейшем) нельзя переносить законы одних миров, существующих в рамках только своих временных и температурных координат, на другие миры. Во-вторых, в системе общественных отношений, включая мировые отношения, существует всего два выхода: выиграл – проиграл. Например, легко предсказать исход любой войны: кто-то выиграл, кто-то проиграл. Любой революции: то же самое. Любой акции. В-третьих, так же легко предсказываются качественные изменения, поскольку их не так много в системе общественного развития: феодализм, капитализм, социализм. У любого явления общественной жизни в реальности не так много степеней

---

1. *Цыганков*, с. 79.

Глава 2
Наука и методология

свободы, и все они подчиняются только одному закону — закону жизни и смерти, который как раз и определяется законом возрастания энтропии.

И в этой связи возникает вопрос: а вообще применимы ли идеи синергетики в сфере международных отношений? Если синергетика не дает мне возможности в принципе выявить закономерности международных отношений, то какой смысл в такой науке? Если я не в состоянии выявить закономерности «стохастических» процессов в отношениях между Китаем и США, прогнозировать их будущее, то для чего нужен мне такой метод, тем более такая методология? Описать текущее состояние этих отношений я смогу и без синергетики. Может ли любой апологет синергетики назвать мне хотя бы одну работу на международную тему, в которой автор плодотворно использовал бы этот метод? Мне такие работы не попадались. Я допускаю плодотворность методов синергетики на макро- и микроскопических уровнях структур материи, то есть органического и неорганического миров, особенно в биологии. Но, как мне кажется, он мало применим в анализе общественных отношений, за исключением той его части, которая относится ко Второму закону термодинамики в его энтропийной вариации, тесно связанной с законами информации. Есть соблазн использовать идеи «интегрированных и неинтегрированных систем» в рамках идей «равновесия» в анализе интеграционных процессов в мировой экономике. Но, как мне кажется, более эффективным инструментом в таком анализе является системный подход.

Как бы то ни было, нелинейные подходы, возможно, применимы в исследованиях каких-то аспектов мировых отношений, но они не отменяют детерминистских подходов, а в лучшем случае дополняют их. Эйнштейн не отменил Ньютона, а Пригожин Эйнштейна. Мир настолько разнообразен, что каждому находится свое место.

Глава 3

Современная марксистская философия науки

В предыдущих главах было показано, на какой философской и науковедческой основе строятся теории международных отношений буржуазными учеными. Теперь есть смысл рассказать о марксистском подходе, на основе которого я намереваюсь реализовать идеи, изложенные во Введении. Поскольку нынешнее поколение буржуазных обществоведов в капиталистических странах не представляет или плохо представляет, что такое марксизм, уместно хотя бы коротко напомнить о его основах, тем более что он продолжает подвергаться идеологическим атакам, базирующимся на домыслах и откровенной лжи.

1. Марксизм — наука и методология познания

Я определяю *марксизм* как высшую форму научного познания, как самостоятельную науку, нацеленную на изучение законов природы и общества. На ее базе сформировались марксистская идеология и марксистское мировоззрение, взятые на вооружение теми слоями общества, которые ведут борьбу с капитализмом в пользу социализма. В этой части работы я намереваюсь затронуть некоторые аспекты марксизма именно с позиции его научного содержания. Не вдаваясь в детальные подробности, хочу коротко напомнить некоторые аксиоматичные постулаты, на основе которых воздвигнуто здание марксистского учения.

Итак, *марксизм — это прежде всего наука*. Следовательно, марксизм как наука не оперирует моральными понятиями: *хорошо - плохо*. Суть этой науки — поиск научной истины, открытие законов и закономерностей природы и общества. Причем истины марксизм не боится, поскольку уверен, что она, истина, исторически на его стороне. Один из признаков науки — ее объективность, независимость от идеологии. Не может быть так, чтобы скорость света зависела от идеологических пристрастий, партийной принадлежности или даже позиции той или иной философской школы. И хотя в общественных науках почти невозможно избежать влияния идеологий, марксистская наука менее идеологична[1], чем наука буржуазная. Правда, в этом некоторые ученые не видят ничего крамольного. Йозеф Шумпетер в специальной статье на эту тему даже настаивал на том («не видел беды»), что «научная идеология и объективная научная истина» социально обусловлены[2]. По его словам,

> нет ни одной области в любой науке, чтобы можно было бы избежать ее (идеологии. — *А.Б.*). Благодаря ей мы приобретаем новый материал для наших научных исследований и что-то формулируем, чтобы защищать, атаковывать. И таким образом, хотя мы движемся медленно из-за наших идеологий, но мы не можем двигаться совсем без них (p. 220).

В результате мы получаем «победу идеологии над анализом». И хотя, повторяю, ее трудно избежать, но по крайней мере к этому надо стремиться. Поскольку марксизм считает, что не наука должна исходить из идеологии, а идеология формируется на базе науки.

Марксизм опирается на три столпа: *материализм, диалектику и историзм*.

---

1. Марксизм как науку не надо путать с марксизмом-ленинизмом, который хотя и провозглашался наукой в СССР, но был слишком политизирован и идеологизирован, чтобы претендовать на статус науки.
2. *Schumpeter*. Science and Ideology. In: The Philosophy of Economics. An Anthology, p. 210.

Глава 3
Современная марксистская философия науки

Материализм — это философская база марксизма, которая исходит из первичности материи и вторичности духа. (Энергия рассматривается как одна из разновидностей материи.) Это фундаментальная посылка, отделяющая материализм от всех форм и видов идеализма и религии. Атрибутами материального бытия являются движение, пространство, время и сила, через которые природа материи/энергии являет себя миру. На языке философии они называются онтологическими категориями.

Диалектика — способ мышления (=диалектическая логика), требующий все процессы в природе и в обществе рассматривать в непрерывном движении.

Историзм — это вектор исторического времени, требующий любые общественные явления анализировать в конкретных исторических рамках.

Сам процесс познания коротко выражен известной ленинской максимой: от живого созерцания к абстрактному мышлению и от него к практике — таков путь диалектического познания. Отсюда же вытекает: бытие, существующее независимо от нашего сознания, познаваемо. (Тем самым марксизм сразу же отмежевывается от всех разновидностей агностицизма.) В процессе своего становления марксизм детально разработал теорию отражения, которая и формирует марксистскую методологию, т.е. систему принципов и способов организации научного исследования. На этой базе были сформулированы важные понятия и категории, значительно более в научном смысле операбельные, чем размытые и туманные термины, к примеру, позитивизма.

Марксизм с самого начала строился на великих достижениях выдающихся буржуазных ученых: на развитой экономической науке английских экономистов, философии немецких мыслителей и, как бы сейчас сказали, политологии французских просветителей и социалистов. На это когда-то обратил внимание Ленин в своей брошюре «Три источника и три составных части марксизма». И впоследствии марксизм никогда не игнорировал своих научных и идеологических оппонентов. Подлинный марксист просто обязан учитывать все достижения буржуазной науки, а лучшие ее достижения внедрять в марксистскую, что и делали в свое время основатели этой науки. Марксизм не избегает других методов и способов анализа. Поскольку они только обогащают его систему координат, или методологию.

Правда, есть некоторые политики и ученые, которые чуть ли не с гордостью называют себя марксистами-ортодоксами. Уверен, что они найдут немало поводов обвинить меня в «отходе от марксизма», если, конечно, прочтут данное сочинение. А «отходить» придется много раз. Поскольку, как и любая наука, марксизм развивается, меняет свои устаревшие представления в соответствии с новыми явлениями и сущностями. К примеру, не исключено, что необходимо по-новому рассмотреть проблему классовой борьбы в современных условиях. Она ли является ныне движущей силой истории? Или на первый план вышли противоречия другого порядка? Марксизм отбрасывает и те представления, которые не подтвердились на практике. Маркс, Энгельс и Ленин множество раз совершали подобные «отклонения», поскольку были учеными, а не схоластами. Ортодоксы не могут усвоить самое главное в марксизме: он *не догма, а руководство к действию*. Именно о таких марксистах сам Маркс говорил: «Если они марксисты, тогда я не марксист». И тем не менее думаю, что Маркс несколько погорячился. Ортодоксы — тоже марксисты по своим политическим и идеологическим убеждениям. Но они просто не ученые.

После перечисления таких достоинств марксизма в ответ его противник, естественно, не может не задать «каверзный» вопрос: и чего же достигла марксистская наука в сфере обществоведения, например, в Советском Союзе? У нас-де, на Западе, к примеру в философии, в XX веке гремели такие имена, как Карл Ясперс, Мартин Хайдеггер, Джон Дьюи, Бертран Рассел, Герберт Маркузе, Жан-Поль Сартр, Альбер Камю и др. А в СССР? Задавший такой вопрос был бы крайне удивлен, получив в ответ не менее внушительный перечень советских философов, в который вошли бы, например, такие имена, как В.Ф. Асмус, А.А. Богомолов, Ю.Н. Давыдов, В.Ж. Келле, Б.М. Кедров, А.Ф. Лосев, И.С. Нарский, Т.И.

Глава 3
Современная марксистская философия науки

Ойзерман, А.М. Деборин, М.Б. Митин. И хотя последние двое были жестко раскритикованы в поздний советский период, однако по своим, так сказать, философским качествам они ничуть не уступали западным мыслителям. А раскритикованный в свое время Лениным А.А. Богданов со своей «Тектологией» как минимум не уступал таким классикам западного науковедения, как Карл Поппер, Томас Кун или Имре Лакатос. Другое дело, что западный читатель не знал советских философов из-за «железного идеологического занавеса», препятствовавшего распространению советского влияния на Запад. В СССР же названных западных философов переводили, и в любом случае их можно было прочитать в оригинале в библиотеках, по крайней мере Москвы.

И все-таки в какой-то степени в «каверзном» вопросе таится определенный смысл, указывающий на то, что действительно марксизм в советское время не породил больших свершений, даже не столько в философии (он в основном занимался критикой буржуазной философии), сколько в обществоведении. Самое главное, зациклившись на коммунизме, контуры которого тогда просто невозможно было обозначить, он не смог представить общую полновесную теорию социализма, закономерности его стадийности и специфики каждого этапа — то, что сделали китайцы на основе теории Дэн Сяопина относительно начальной стадии социализма. Отсутствие такой комплексной теории явилось одной из важнейших идеологических причин распада социалистического содружества.

Но для этого были веские причины исторического характера. Во-первых, в начальный период СССР марксистская наука только осваивалась советским научным сообществом, возникшим из недр неграмотного населения — наследия царского полуфеодального строя. Во-вторых, висели идеологические гири начальной стадии социализма, который, находясь в чрезвычайных обстоятельствах выживания, не мог позволить расцветать «ста цветам» в еще незрелом обществе. В-третьих, марксизм, на идеологической основе которого была совершена победоносная Октябрьская революция и разгромлены все враги в ходе Гражданской войны, казался настолько научно укомплектованным, что любые добавления или исправления представлялись как искажения сути этой науки. Именно поэтому попытки А. Богданова в его «Тектологии» создать на базе новых понятийных терминов науку, чуть ли не возвышающуюся над марксизмом, встретили жесткое противодействие со стороны девориных и митиных. В те годы марксизм воспринимался почти как религия: не тронь ни одного канона! И даже при идеологическом послаблении после смерти Сталина в массовом сознании, включая и сознание ученых, не укладывалась мысль о возможности развития теории марксизма в направлении, противоречащем некоторым штампам и канонам, якобы вытекающим из работ Маркса, Энгельса и Ленина. (Многие теоретики нынешних левых «большевиков» до сих пор сохранили подобный умострой.) На Западе марксисты придерживались примерно такой же позиции, хотя и не в столь жесткой форме.

Но здесь надо иметь в виду еще такую чисто русскую «закавыку». У русских обществоведов, нынешних и советских, даже не возникала мысль, что возможно открывать законы или закономерности в сфере общественных наук. В естественных можно, а в общественных — даже в голову не приходит. Именно такой подход к обществоведческой науке, засевший в мозгах, и является причиной того, что русские фактически не развивают и не развивали ни одну из общественных дисциплин, сосредотачиваясь главным образом или на освоении западной мысли, или, наоборот, на критике той же самой западной мысли. Критика обычно получается лучше[1].

Такой марксизм, который я называю *ортодоксальным*[2], в СССР существовал в форме марксизма-ленинизма. В числе его недостатков, помимо указанных, необходимо назвать его методологический принцип, который для многих представлялся не как

---

1. В одном из российских журналов я хотел поместить статью с моими законами «полюса и силы». Так вот, редактор отчаянно просил меня, чтобы эта статья шла не под моим русским именем, а под канадским и чтобы я придумал какие-то другие слова вместо слова «закон». Таков умострой русских.
2. Классическим марксизмом я называю только тот, который был создан его основателями: Марксом, Энгельсом и Лениным.

Глава 3
Современная марксистская философия науки

научный. Я имею в виду следующее.

Ортодоксальный марксизм, следуя канонам классического марксизма, в рамках познания на основе теории отражения при анализе общественных явлений главным образом исходил и исходит из поступательного движения человечества к прогрессу через формационные фазы: рабовладение переходит в феодализм, феодализм – в капитализм, капитализм – в коммунизм, который, в свою очередь, имеет предварительные ступени в виде разных фаз социализма. Эта фундаментальная посылка с конца XX века перестала быть убедительной из-за распада СССР, так сказать, разрушения «коммунизма». Как с нескрываемой радостью говорят и пишут все антикоммунисты, дескать, ваша теория марксизма-ленинизма разбилась о практику, на которую вы все время ссылались как на критерий истины. Этим антикоммунистам бессмысленно напоминать о том, что буржуазные теории многократно терпели поражение на практике, прежде чем возвестить победу отраженных в них реальностей капиталистических обществ. В одной только Франции понадобилось несколько революций, пока утвердились «цивилизованный» капитализм и адекватная ему буржуазная идеология. Но здесь речь не об этом. В любом случае определенный смысл в укорах противников марксизма есть. Поскольку ортодоксальный марксизм был в силу определенных причин действительно излишне идеологизирован, хотя и не в такой степени, как буржуазные общественные науки. И потому об истинах он судил исходя главным образом из классовых и идеологических позиций.

Нынешний марксизм, который я отстаиваю, называется *современным марксизмом*. Его отличие от классического и ортодоксального заключается в том, что для определения критерия истины современный марксизм, не отказываясь от предыдущих критериев в заданной системе координат, вводит новый инструмент измерения истины — Второй закон термодинамики в его энтропийном варианте в виде *закона возрастания энтропии*. Последний вариант удобен для анализа общественных явлений через категории хаоса и порядка.

Современный марксизм также дает новое универсальное

определение прогресса, выводя его за рамки формационных и классовых отношений. Подробно названные инструменты познания будут разъяснены в соответствующих главах.

Здесь надо отметить одно обстоятельство, которое нередко ведет к взаимонепониманию между марксистами и буржуазными учеными, — это словарный корпус понятийно-категориального свойства. Например, такие ключевые понятия марксистской науки, как *формация, надстройка, базис*, не употребляются буржуазными обществоведами. Вместо них они используют термины *политический режим, политика и экономика*. При всей смысловой схожести они кардинально отличаются по своему внутреннему содержанию. Первый ряд — это понятия, за которыми стоят вскрытые закономерности сущностных реальностей. Вторые — просто термины для обозначения различных явлений без вскрытия их сущностей. Для позитивиста-эмпирика этого вполне достаточно.

Такое разночтение касается и философии. В философии марксисты оперируют понятием *теория познания*, которая синонимична терминам *эпистемология и гносеология*, в то время как буржуазная философия под *эпистемологией*, например, понимает «исследования нашего права в верования, которые мы имеем» (Оксфордский философский словарь) или «исследования природы знаний и их обоснованность» (Кембриджский философский словарь). Очевидно, что марксисты и буржуазные философы одни и те же термины интерпретируют по-разному. При этом если марксисты разбираются в буржуазной лексике, так как регулярно изучают их литературу, то буржуазные ученые, за крайне редким исключением, не имеют о марксистской литературе никакого представления, поскольку игнорируют ее. Поэтому в ходе изложения материала мне часто придется давать разъяснения некоторых ключевых понятий и категорий марксистской науки.

А теперь есть смысл точнее определить такие ключевые термины, как *наука, методология и методы*, а также определить, что такое *понятия и категории*. Но для начала я хочу изложить науковедческие идеи очень странного марксиста, который одновременно умудрялся быть позитивистом. Конечно же, речь идет об А.А. Богданове.

2. А.А. Богданов — марксистский позитивист

Среди русских ученых, которые внесли значительный вклад в науковедение, нельзя не назвать двух выдающихся энциклопедистов: В.И. Вернадского и А.А. Богданова. Хотя деятельность Вернадского в большей степени связана с естественными науками (геохимия, минералогия, биология, палеонтология), однако он умудрялся охватить и такие области, как история и философия науки и социология. Известен он также своим вкладом в создание теории ноосферы[1]. В своих лекциях «Очерки по истории научного мировоззрения» и в ряде других статей о науке он предлагает критерии отличия науки от ненауки, в основу которых он клал научный метод[2].

Здесь же я хотел бы подробнее остановиться на А.А. Богданове, в силу некоторых исторических причин несправедливо оказавшемся в тени в СССР. Это тот самый Богданов, о котором писал В.И. Ленин в своей работе «Материализм и эмпириокритицизм» в связи с критикой позитивизма в его другом обличье — в виде махизма и моноэмпиризма. Богданов — уникальный энциклопедист, знания которого распространялись на весьма широкий круг наук: от философии до медицины. В этом плане он, возможно, не уступал Энгельсу, что подтверждается даже одной его работой — «Тектология: (Всеобщая организационная наука)». К ней я и хочу обратиться для иллюстрации некоторых его идей, которые можно будет плодотворно использовать в ТМО.

Между прочим, читая Лакатоса, я почему-то все время вспоминал именно труд Богданова, поскольку многие идеи венгерско-английского ученого весьма тесно перекликались с идеями «Тектологии», особенно рассуждения Лакатоса об «эмпирическом

---

1. См.: *Вернадский*. Философские мысли натуралиста.
2. *Вернадский*. Труды по всеобщей истории науки, с. 42–80.

базисе». Напомню суждение Лакатоса: «*...теория является "научной" (или "приемлемой"), если она имеет "эмпирический базис".* В этом критерии четко видна разница между догматическим и методологическим фальсификационизмом»[1]. На том, что именно понятие эмпиризм отличает науку от не науки, постоянно настаивал и Богданов за несколько десятков лет до Лакатоса. Здесь нас прежде всего интересует, каким образом и из каких элементов собирался Богданов создавать науку и почему у него это в конечном счете не получилось.

Сразу же есть смысл обратить внимание на следующее: хотя Богданову не удалось создать науку «тектологию», многие положения, мысли и суждения, связанные с созданием данной науки, имеют значительно большее значение для теории мировых отношений, чем науковедческие идеи Куна и Лакатоса. Опять же интересно, что хотя Богданов числил себя марксистом и некоторое время даже большевиком, однако весь его научный лексикон, как ни странно, больше напоминает лексикон позитивистов, поскольку в своих философских взглядах он так и остался на позиции махизма — одном из вариантов позитивизма. В некоторой степени это отражено и в его негативном отношении к Гегелю, взгляды которого, по его мнению, «в XX в. представляют лишь бесполезную тарабарщину»[2]. Любопытно, что, несмотря на такую оценку, он тем не менее, скорее всего, именно у Гегеля извлекает ряд положений, касающихся системного подхода, на основе которого и выстраивает свою науку. В международных же отношениях системный подход становится модным и популярным только где-то с конца 1970-х годов.

Однако прежде всего Богданов фактически в духе позитивистов должен был определиться во взаимоотношениях между наукой и философией. Эта тема до сих пор в ходу у философов науки. Более точно вопрос ставится таким образом: можно ли философию называть наукой? Опять же, чтобы ответить на этот вопрос, надо знать, что такое наука и что такое философия. И если

---

1. *Лакатос.* Фальсификация, с. 295.
2. *Богданов,* кн. 2, с. 313.

Глава 3
Современная марксистская философия науки

большая часть буржуазных ученых, как мы видели выше, до сих пор дискутирует на эту тему, то марксист А. Богданов говорит об этом четко и однозначно в статье «Наука и рассуждательство»:

> То, что установлено экспериментом, установлено научно и является научным фактом, потому что позволяет при реализации тех же условий точно предвидеть результат; а нет высшего критерия научности, чем точное предвидение на практике. И потому эксперимент всегда научен, «философским» он быть не может по самому определению: что установлено научно, то уже не философия. Иначе слово «философия» теряет всякий определенный смысл и становится источником неограниченной путаницы (кн. 2, с. 286).

Сказано очень не по-марксистски, а по-позитивистски. Тем не менее позиция Богданова ясна: философия — не наука, а нечто, призванное толковать, скажем, те же результаты науки, а наука — это эксперименты, факты, открытия новых фактов и, главное, предвидение. Ни один из подлинных марксистских ученых с этим не согласится, поскольку марксизм философию определяет как науку, марксистская аксиома, не требующая доказательств. Здесь нам интересен Богданов. Итак, что за науку он создает и как это делает?

Богданов создает *Всеобщую организационную науку,* которая называется тектологией. «В буквальном переводе с греческого это означает "учение о строительстве". "Строительство" — наиболее широкий, наиболее подходящий синоним для современного понятия *организация*» (кн. 1, с. 112). «Тектология» создается на базе системных принципов, которые Богданов применяет к организованным комплексам. Они определяются на основе принципа «целое больше суммы своих частей», и, соответственно, чем больше целое отличается от суммы частей, тем более оно организовано. В неорганизованных комплексах целое меньше своих частей. «*Дезорганизованное целое практически меньше суммы своих частей* — это определение само собой вытекает из предыдущего» (кн. 1, с. 120). Естественно тогда, что в нейтральных комплексах целое равно сумме своих частей.

При создании новой науки очень важен лексический аппарат, или, по выражению Богданова, «выработка подходящей символики» (кн. 1, с. 127). Это одна из труднейших задач. И Богданов вводит ряд терминов, крайне непривычных для русского языка. При этом любопытно, что, создавая свой лексикон, он опирается на греческий или латинский язык, а не на английский, немецкий или французский. И в этом есть большой смысл: его наука не копирует некие идеи, возникшие на Западе, она самостоятельна и не имеет терминологических эквивалентов в современных европейских языках.

Так вот, для двух универсальных типов систем он находит такие слова: для централистской системы он находит слово *эгрессия* (от лат. — «выхождение из ряда»), для скелетной — *дегрессия* (от лат — «схождение вниз»). Здесь нас не интересует взаимодействие между этими системами, хотя теоретик-международник легко в них усмотрит более позднюю концепцию Иммануила Валлерстайна «центр–периферия». Для анализа формирования механизма названных комплексов Богданов подобрал такой ряд терминов: *конъюгация* (соединение комплексов), *ингрессия* (вхождение элемента одного комплекса в другой) и *дезингрессия* (распад комплекса).

Далее. У каждой науки может быть много исследовательских инструментов, подходов и методов (не путать с методологией). Богданов выбирает этот инструмент на основе такой посылки: «Методы всякой науки определяются прежде всего ее задачами. Задача тектологии — систематизировать *организационный опыт*; ясно, что это наука *эмпирическая* и к своим выводам должна идти путем *индукции*» (там же). Удивительное сходство с Лакатосом.

Вот еще одно важное утверждение. Богданов в одном из Предисловий к данной работе пишет:

> Науки различаются не предметом (для всех один и тот же — весь мир опыта) и не методами (одни и те же по существу — организационные), а по — «точке зрения» — по центру координат исследования (там же, с. 67).

Глава 3
Современная марксистская философия науки

Что такое «точка зрения»? Сам Богданов объяснял это на примере Коперника и Маркса. Была птоломеевская система, в соответствии с которой все вращалось вокруг Земли, и вся астрономия строилась на основе этой «точки зрения». Коперник поменял эту «точку зрения», изменив не только астрономию, но и всю западную науку. Маркс в отличие от буржуазных экономистов, которые рассматривали экономику с позиции непроизводящего класса, буржуазии, стал рассматривать развитие общества с «точки зрения» рабочего класса. «Центр координат исследования» изменился, соответственно изменилась и наука политэкономия.

Это суждение Богданова, на мой взгляд, представляется крайне важным в процессе формирования любой науки.

В «Тектологии» были изложены и положения о критериях науки. Богданов пишет: «Критерием научности является прежде всего соответствие научных знаний объективной действительности. Сам по себе факт, что то или иное положение выработано человечеством, еще не является гарантией его объективности и, следовательно, научности» (кн. 2, с. 323). Богданов почему-то не довел эту мысль до логического марксистского завершения: критерием научности является общественная практика, которая и есть главный фальсифицирующий или удостоверяющий судья научных истин. Но об этом подробнее ниже.

Выработав некоторые основополагающие принципы формирования науки, Богданов формулирует ряд законов и закономерностей. В частности, закон относительных сопротивлений («закон наименьших»), который звучит так: «*Устойчивость целого зависит от наименьших относительных сопротивлений всех его частей во всякий момент* — закономерность громадного жизненного и научного значения» (кн. 1, с. 217). В общем-то этот закон известен давно как закон слабого звена, но он научно отражает системный механизм организационных комплексов.

Несмотря на снисходительное отношение к Гегелю, Богданов именно в гегелевском, диалектическом ключе разбирает важные понятийные пары, действующие в его комплексах, в частности, сопротивляемость и активность, их взаимообратимость, точнее, взаимозаменяемость. (Когда два человека борются, активность одного есть сопротивление для другого, и наоборот.)

Богданов, хорошо знакомый с математикой и физикой, очень часто прибегал к аналогиям из этих наук. В частности, он в своей работе часто обращался к закону А.Л. Ле-Шателье, который формулируется таким образом: *если система равновесия подвергается воздействию, изменяющему какое-либо из условий равновесия, то в ней возникают процессы, направленные так, чтобы противодействовать этому изменению* (см.: кн. 1, с. 249).

Этот закон подталкивает к совершенно иному взгляду на «баланс сил» и его оценке в системе международных отношений. Весьма плодотворны в данном плане и рассуждения Богданова о «ложном равновесии», когда «в тихом омуте черти водятся». Думаю, приводимая ниже обширная цитата явно не понравится «толерантам». Богданов пишет:

> Тяготение коллектива к равновесию воплощается в идеалах пассивности и безразличия; самый чистый и законченный из них — это «нирвана» буддистов, абсолютное равновесие души, ее полное успокоение в ничем не возмущаемом созерцании вечности. Сюда же относятся идеалы – мечты; таков христианский идеал с его представлением о справедливости на том свете, о награде страдающим, смиренным и покорным, о наказании злым и гордым, причем и награда, и наказание осуществляются *не усилиями самих людей, а божеством, высшей мировой активностью*, восстанавливающей нарушенное в земной жизни равновесие (кн. 1, с. 256. Курсив мой. — А.Б.).

Такой подход соответствует закону сопротивляемости Второго начала термодинамики (закона возрастания энтропии), закону борьбы, к которому я еще вернусь.

Любопытно, что на основе, казалось бы, отстраненных системных законов Богданов вскрывает конкретные проблемы, в частности связанные с Россией. Он пишет:

> Вся знаменитая троица национальной русской тектологии — *«авось, небось и как-нибудь»* — выражает не что иное, как игнорирование закона относительных сопротивлений, зависящее от недостаточ-

Глава 3
Современная марксистская философия науки

ности организованного опыта и его несвязности, того, что обычно называют «низкой культурой» (там же, с. 222. Курсив мой. — *А.Б.*).

Судя по всему, культура, построенная на упомянутой «троице», сохранилась по настоящее время.

И все же, несмотря на множество кирпичей-элементов для построения здания науки — тектологии, попытка Богданова не увенчалась успехом. Причин много, и они вызваны не только конкретно историческими местом и временем, но и некоторыми методическими просчетами.

Не надо забывать, что в полном объеме «Тектология» была опубликована во второй половине 1920-х годов в общественной среде «победившего пролетариата», победившего на основе марксистско-ленинского учения. Среди политической элиты того времени в ходу была марксистско-ленинская терминология, и приверженцами марксизма системные понятия и категории воспринимались не просто как противопоставление этой терминологии марксистской, а как попытка отбросить марксизм, заменив его наукой с позитивистской подоплекой, которая ранее была подвергнута резкой критике самим Лениным. Ортодоксальные марксисты-философы того времени типа Деборина или Митина, не говоря уже об их учениках (которые давали отрицательные отзывы на работу Богданова), к тому же были не столь образованны, как Богданов. Они зачастую просто даже не понимали ни его системной терминологии, ни его иллюстраций, относящихся к математике, физике, биологии. Сам системный подход, в принципе новаторский для того времени, причем не только в России, но и в Европе, не был знаком ученым. Неслучайно «Тектология» была с непониманием воспринята даже одним из немецких ученых (проф. И. Пленге). Продвинутые же марксисты вроде Н. Бухарина увидели в этой работе все классические черты махистского позитивизма, который, возможно, по их мнению, перевешивал достоинства научности других элементов его работы.

Необходимо учесть и такой момент. В отличие от официальных советских философов того времени, для которых Маркс,

Энгельс и Ленин уже стали идеологическими иконами, отношение Богданова к ним было совершенно иное. Высоко оценивая марксизм, он тем не менее не идеализировал как само учение, так и его основателей. Он, например, открыто критически оценивал некоторые положения Энгельса в «Анти-Дюринге». Ленин для него также не был иконой; он был его соратником, с которым можно было спорить по философским проблемам на равных. И критика Ленина его позиций по махизму не изменила взглядов Богданова[1]. Об этом можно судить хотя бы по тому, что идейные корни махизма хорошо просматриваются в «Тектологии». Естественно, такое панибратское отношение к классикам просто не укладывалось в голове первой плеяды советских марксистов-ортодоксов.

Короче, книга появилась не в том месте и не в то время.

Проблема была, как уже упоминалось, и в методических просчетах. Хотя эта работа Богданова была посвящена «всеобщей организации науки», сама она была плохо структурирована. Не был четко выстроен костяк науки: *предмет, цель, методология, методы, понятийно-категориальный аппарат, законы и закономерности*. Все эти составляющие вроде бы присутствовали, но в разбросанном виде. Плюс они нередко размывались излишними примерами и иллюстрациями. В этом сказалось то, что Богданов, скорее всего, все-таки не изучил гегелевскую «Науку логики», которая могла бы послужить эталоном организации материала. Как известно, именно на основе структурной композиции «Логики» Гегеля строил свой «Капитал» Маркс. Получилась наука политэкономия.

В то же время, как мне представляется, у «Тектологии» множество идей, которые могут стать основой для формирования подлинной науки — науковедения. Творческая переработка идей Поппера, Куна, Лакатоса и Богданова могла бы привести к созданию такой целостной науки. И тогда бы не пришлось до сих пор биться над темой, что такое наука и чем она отличается от не науки.

---

1. Между прочим, А. Богданов в не менее острой форме ответил Ленину на критику своих «эмпириомонистских» взглядов. См.: *Богданов*. Падение великого фетишизма (Современный кризис идеологии).

3. Так что же такое наука?

Посмотрим, как на эту тему размышляли советские ученые. Оказывается, в сфере науковедения в советское время работало немалое количество ученых. И приверженность марксизму как общей для них методологии не вела к автоматическому согласию между ними по многим проблемам науковедения. Одна из интересных монографий на эту тему написана В.С. Черняком, который, демонстрируя профессиональное знакомство с западными исследованиями, излагает собственные суждения, в том числе и на предмет определения науки. Поначалу он коротко определяет науку как «производство новых знаний»[1]. Этого явно недостаточно, поскольку еще не ясно, что следует понимать под внутренним содержанием науки. Добавление к понятию науки «научного метода» опять же еще не проводит «демаркационную» линию, отделяющую науку от не науки, точно так же, как и эксперимент и практика — любимые детища позитивистов. Ответ Черняк нашел в работах Вернадского и особенно в «Капитале» Маркса в форме «оборачивания метода». В результате он приходит к выводу о том, что «науку можно рассматривать как целостную систему с точки зрения внутренней логики ее развития, основным законом которой является *постоянная воспроизводимость* ее результатов на качественно новой основе путем оборачивания метода — превращения предпосылок некоторого знания в следствие дальнейшего его развития и наоборот» (с. 240).

В этом определении науки отсутствует объект науки и поэтому, на мой взгляд, оно не точно.

Другой советский науковед, Э.М. Чудинов, обращает внимание на иную сторону науки, точнее — на научную теорию, которая

---

[1]. *Черняк.* История. Логика. Наука, с. 229.

у него воспринимается как процесс, а не как застывший термин. Напомню, неопозитивисты анализируют теорию с разных сторон: верная — неверная, отражает факты — не отражает и т.д., фиксируя ее как данность. Чудинов же предлагает:

> Для рационального понимания становления научной теории, на наш взгляд, требуется ввести понятие строительных лесов научной теории, или, сокращенно, СЛЕНТа. Под СЛЕНТом будем понимать такую формулировку теории — систему ее изложения, интерпретации и обоснования, — которая неадекватна сущности самой теории, но тем не менее исторически неизбежна при ее становлении[1].

То есть на данном этапе формулируются сумбурные и хаотичные идеи и мысли, которые могут обозначить только контуры некой целостной теории. Эти идеи даже могут быть научно некорректны, но они становятся первыми шагами в разработке теории. Требуя с самого начала научной стерильности, логичности и чуть ли не предсказанного результата, «руководители партии и правительства» в Советском Союзе тем самым тормозили творческие порывы многих ученых. Как бы то ни было, по мнению Чудинова, первоначальный период «туманности» теории является одним из элементов СЛЕНТа. И он совершенно справедливо пишет:

> Уместно заметить, что гипертрофирование требования логической строгости, игнорирование СЛЕНТа — одна из главных причин бесплодности логического позитивизма и оппозиции по отношению к нему со стороны ученых. Неопозитивистская доктрина научного знания не согласуется с развивающейся наукой. Принятие ее означало бы конец науки, ибо СЛЕНТ, служащий ее предпосылкой, представляет с точки зрения логического позитивизма иррациональную конструкцию, которая подлежит элиминации. Естественно, что такая концепция не может быть принята большинством ученых (с. 120).

К сожалению, она как раз и была принята многими учеными, в частности Карлом Гауссом, который из-за своей логической строгости и скрупулезности воздерживался от публикации многих своих «незавершенок», в частности неэвклидовой геометрии, в от-

---

1. *Чудинов.* Проблема рациональности науки и строительные леса научной теории, с. 115–6.

Глава 3
Современная марксистская философия науки

ношении которой он мог бы быть соавтором Н.И. Лобачевского. Здесь важно подчеркнуть главное: как теория, так и наука — это процесс взаимодействия субъекта и объекта, причем не только во времени, но и в пространстве. Если первое понятно, второе может оказаться непонятным. Пространство — это общественная среда, в которой осуществляется наука. Одни и те же исследования в одной среде, скажем, в стране с развитым научным сообществом, могут считаться наукой, а в неразвитой среде могут оказаться просто забавой одиночек, поскольку они не могут быть ни оценены, ни тем более реализованы.

В контексте относительности знаний, казалось бы, эту же идею фиксирует Патрик Джексон со ссылкой на одну из работ Пола Богосьяна, говоря о том, что для различных групп одни и те же «куски знания» могут казаться противоречивыми и непротиворечивыми, или по-другому: «от того, где находится говорящий, сказанное может быть верным или неверным, в результате проблема не решается»[1]. Если доводить эту мысль до логического конца, как это делают аналитисты, то можно прийти к выводу об относительности самих знаний: они зависят от восприятия наблюдателя или наблюдателей (групп). Это как раз тот плюралистический случай, когда, скажем, о массе солнца или скорости света каждый будет иметь свое «мнение», противоречащее мнениям других. Этим примером я хотел бы подчеркнуть, что относительность самой науки или знаний имеет совершенно другой характер, чем относительность восприятия среды тех же самых знаний. Постпозитивисты и другие немарксистские течения смешивают эти два типа относительности. Для них они фактически тождества.

Теперь я попытаюсь коротко изложить свое представление о науке. Мой подход к понятию *наука* опирается на диалектический материализм, для которого проблемы монизма, дуализма и прочих идеалистических «измов» давно решены. Также не существует искусственной проблемы, является философия наукой или нет.

---

1. *Jackson*, p. 137.

«Философия способна быть объективной, доказательной наукой»[1] вследствие самих критериев научности, которые представлены в обширной марксистской литературе по данному поводу. Если же говорить о функциональной роли философии, то она сводится к: а) интерпретации знаний, б) обоснованности научных теорий, в) постановке новых тем и вопросов, г) саморазвитию как науке познания. Но поскольку данная работа не является «чисто» философской, я не буду слишком детально останавливаться на доказательствах некоторых своих утверждений философского характера, ограничиваясь ссылками на соответствующих авторов и литературу.

Для начала воспроизведу определение науки в одной из философских энциклопедий, изданной в советское время. В ней написано: «Наука — сфера человеческой деятельности, функцией которой является выработка и теоретическая систематизация объективных знаний о действительности»[2]. Коротко говоря, наука продуцирует знания, но не житейски-субъективные, а объективные, т.е. истинные[3]. В этом смысле наука универсальна, она не имеет национальных оттенков или личностных пристрастий. У законов, к примеру термодинамики, нет гражданства. Законы науки одинаково понимаются что в Англии, что в Китае, что в Анголе.

Очень часто науку отождествляют с научной теорией. Вот как, например, американские авторы одной методологической работы определяют термин *теория* со ссылкой на American Heritage Dictionary: «Теория определяется как систематически организованные знания, применимые к относительно широкому кругу обстоятельств, к примеру системам допущений, принятых принципов и процедурных правил в сфере анализа, прогноза, или, иначе, для объяснения природы поведения специфических феноменов»[4]. Такое определение слишком широкое, оно фактически

---

1. *Гегель*. Наука логики, с. 20.
2. *Философский энциклопедический словарь*, с. 403.
3. Подр. см.: *Чудинов*. Природа научной истины.
4. *Models*, Number, and Cases. Methods for Studying International Relations, p. 4.

Глава 3
Современная марксистская философия науки

распространяется на всю науку. И это не случайно, поскольку для очень многих исследователей *наука* и *теория* являются синонимами.

На самом деле теория[1] — это одна из форм научного познания, хотя и более фундированная, чем, скажем, *гипотеза*. Любая теория обычно является предварительным формулированием неких закономерностей, которые еще не прошли апробацию практикой. Поэтому теории, даже научные, могут производить ложные, или в данном случае уместнее сказать — ошибочные, знания, не отражающие объективную действительность. Такое бывает очень часто. Просто в ходе их дальнейшей практической проверки (или, по Карлу Попперу, экспериментов и фальсификаций) выявляется их истинность или ложность. В результате ошибочные теории или опровергаются, или сами избавляются от своих ошибок, сохраняя зерна истины, которые и закрепляются в науке.

В еще большей степени просматривается отличие науки и научных теорий в сфере общественных наук. В какой-то степени эту мысль выразил известный теоретик Роберт Кокс своей знаменитой фразой: «Теория всегда *для* кого-то и *для* каких-то целей». Хотя он имел в виду теории международных отношений, тем не менее его идея легко распространяется практически на все общественные науки. Они действительно политизированы и идеологизированы. Они обычно отражают интересы тех или иных классов или даже слоев населения. Они могут отражать философские, политические предпочтения и внутри тех или иных классов. Достаточно вспомнить большое количество школ в системе знаний о международных отношениях. Но такие теории могут быть и очень национальными. Некоторые теоретики, например, стали говорить о складывании ТМО с китайской и японской спецификой, о чем еще предстоит поговорить. Это действительно так. В то же время

---

1. Обращаю внимание читателей на то, что слово это древнегреческого происхождения и его корень тео (смотреть, видеть) является основой таких слов, как *теология*, *театр*, *Зевс*, *дьявол*, *Мефистофель*, *демон* и др.

это как раз свидетельствует о том, что международные отношения еще не превратились в науку, их изучение пока осуществляется на уровне теорий, которые не произвели универсальные знания в виде законов и закономерностей, независимых от субъективных или национальных интерпретаций.

Таким образом, наука и теория — это не синонимы, каждое из этих понятий имеет свое содержание, которое необходимо постоянно учитывать.

Теперь о другом важном термине. Результаты производства знаний могут выражаться различными способами: в виде теорий, гипотез, концепций, формул и т.д., но наиболее ценным «товаром» является формулирование закона или закономерностей бытия. Мне хорошо известно многозначное толкование термина закон, поэтому, не оспаривая ничьих мнений, приведу формулировку, которую можно встретить в марксистской литературе. *Закон* есть такой тип знания, который фиксирует необходимое, существенное, устойчивое, повторяющееся отношение между явлениями, отражающее их сущность. Следовательно, закон есть такой тип знаний, который позволяет прогнозировать движение объекта исследования в той или иной системе координат, скажем, в природе и обществе. Применительно к нашей общей теме законом, к примеру, мог бы быть закон соотношения массы государства и его места в системе мировых отношений. (Здесь работает диалектический закон перехода количества в качество.)

Итак, главная функция науки — производить истинные знания, сформулированные в форме законов. В принципе такая задача ставится и теоретиками науки буржуазного направления. Разница с марксистским подходом заключается в том, что буржуазные ученые формулируют эти законы на основе *проявления* бытийных сущностей. Этот подход фактически отстаивает вся буржуазная философия науки. В марксистской же науке важно докопаться через явления *до сути* бытия и реальности. В этом ее «тактическая» слабость, но и «стратегическая» сила. Первое объясняется тем, что марксистская наука, пытаясь понять суть явлений, часто не обращает внимания на их промежуточные свойства, в то время

Глава 3
Современная марксистская философия науки

как прагматизм и позитивизм именно на этих «промежуточных» явлениях концентрируют свое внимание, выявляя их особенности и даже закономерности их функционирования. Это позволяет им постоянно делать открытия, особенно в естественных науках, нередко и фундаментального свойства. Раскрыть же суть бытия значительно сложнее, отсюда у марксистских ученых и не столь обильный урожай на открытия. Тем не менее их было немало в советский период, когда по совокупному научному потенциалу СССР за крайне короткий исторический период сумел не только догнать США, но на каком-то временном отрезке (конец 1950-х – середина 1960-х годов) даже опередить их. Но главное в марксистской науке другое — ее стратегическая устремленность к познанию бытийной сути природы и общества.

4. Отличительные признаки науки

Непрофессионалам довольно трудно отличить научную работу от ненаучной. Удивительно то, что и многие научные работники, даже со степенями кандидатов и докторов, не всегда отличают науку от ненауки, поскольку многие из них не задумываются над тем, что главная цель науки — открытие законов. Видимо, все это — не простые вещи, поскольку в науковедении довольно часто вспыхивают дискуссии на тему границы между наукой и ненаукой. На самом деле разница предельна проста: первая производит знания, вторая — богов, мифы, легенды, чудеса, фантазии и т.д. Но наука не только вырабатывает знания, но и использует эти знания для дальнейшего познания, ненаука опирается на *веру*. При этом ненаука воплощается не только в религии, мистике, но и в художественных произведениях. Но надо иметь в виду и то, что та же религия или мифы могут анализироваться с научных позиций, объясняющих причины их возникновения и востребованности в обществе. Этим, например, занимаются религиоведение и мифология. Существуют и другие признаки научности.

Если в работе речь идет о законах или закономерностях, то эта работа научная (хотя сформулированный закон может оказаться впоследствии ложным). Читая Ньютоновы «Математические принципы естественной философии» или Канта «Метафизические начала естествознания», сразу видно, что это научные труды. Причем неважно, согласны вы с рассуждениями авторов или нет. Это наука. В них анализируются некие закономерности в природе. Но не все работы так однозначно научны, как упомянутые.

Существует ряд косвенных признаков, по которым можно отличить научную работу от ненаучной. Например, использование терминологического аппарата из устаревшей парадигмы, скажем, если бы нынешнее представление о Солнечной системе

Глава 3
Современная марксистская философия науки

описывалось языком птоломеевской теории неба. Или когда современная ситуация на Дальнем Востоке или в зоне Тихого океана описывается через анализ несуществующего Азиатско-Тихоокеанского региона (АТР). Иными словами, исследования, в которых всерьез разбираются проблемы АТР, можно не колеблясь отнести к ненаучным.

Должны вызывать подозрения работы, в которых делаются постоянные ссылки на высказывания руководителей страны. Это «старая парадигма», зародившаяся еще в советские времена, а ныне ставшая анахронизмом. Другое дело, если это — специальная работа, в которой анализируются слова и дела политиков.

Из этой же серии, претендующих на научность работ, — перечисление визитов как показатель активности политики той или иной страны. Но подсчет затрат на такие визиты и прибыль для государства от них может быть полезен для анализа эффективности политики в контексте «доходы–расходы» на внешнюю политику.

Научный труд строится на понятийном аппарате, а не на словах или даже терминах из лексикона здравого смысла. Многие научные работники не видят разницы между понятиями и словами-терминами (о чем речь ниже). Это означает, что они никогда не изучали диалектику Гегеля, без знания которой вообще трудно что-то научно анализировать. Такое непонимание характерно для политологов, международников и страноведов - исследователей обществоведческого профиля. Это касается и западных исследователей. В меньшей степени это относится к экономистам, у которых понятийный аппарат хорошо разработан предшественниками.

В настоящее время любая крупная работа даже в сфере общественных наук должна быть хорошо оснащена статистикой. Без обширной статистики, которая позволяет проследить определенные закономерности, не может быть «фундаментального труда», а может быть только чисто журналистское описание «взаимоотношений». При этом надо иметь в виду одну очень важную вещь, которая часто упускается любителями статистики. Она только тогда приносит научные результаты, когда используется в рамках теорий, которые отражают или описывают объективную реальность. Но та же статистика играет крайне негативную роль, когда используется в ложных теориях или в пропагандистско-политических целях, поскольку как бы «научно» подтверждает то-то и то-то. В политкорректной форме американцы Бэр Браумоллер и Эн Сартори эту идею выразили таким образом: «Статистические проверки теорий обычно имеют малую ценность, пока сами теории, повергаемые проверке, не являются основательными»[1]. В любом случае статистика является мощным инструментом как для подлинной, так и ложной науки.

Непрофессионального исследователя выдают такие фразы, как «с одной стороны», «с другой стороны». У любого явления «сторон» бесконечное множество, а истина одна, хотя и являет себя во многих ипостасях. Познать предмет или явление означает выявить его самую характерную черту, которая качественно отличает данное явление от другого.

В этом же контексте назойливые фразы, типа «в последнее время» что-то стало актуальным или о том, что какие-то явления «проходят стадию значительных изменений», для серьезных исследователей не несут содержательного смысла. «Последнее время» часто отражает проблему и 10-, и 20-, и 30-летней давности, «стадия значительных изменений» – пустая фраза, заполняющая словесное пространство[2].

Если в работе появляются ссылки на бога, на библию как на авторитет в решении какой-то научной проблемы, то можно считать такую работу однозначно ненаучной. Любая мистика даже в виде космизма или всяческих УФО сразу же отбрасывает работу за пределы науки.

---

1. *Models*, Number, and Cases. Methods for Studying International Relations, p. 130.
2. К аналогичным «пустым фразам» относятся также: предполагается, как всем известно, громадная теоретическая и практическая значимость и другие аналогичные словеса. В саркастической интерпретации они представлены в книге Адреана Бэрри. См.: *Berry*. Harrap's book of Scientific Anecdotes, p. 92–4.

Глава 3
Современная марксистская философия науки

Следующее замечание касается только русских исследователей. Признаком квазинаучности следует считать злоупотребление англоязом, на что я сразу же обратил внимание в Предисловии. Конечно, каждая наука имеет свой специфический словарь, который за полтораста лет в основном забит английскими словами. Это естественно, поскольку поначалу именно Англия, а затем США доминировали и сейчас доминируют в науках. И тем не менее во всех общественных науках можно без труда обойтись без многих англоязычных слов, которыми особенно злоупотребляет пробуржазная часть российского научного сообщества.

У русских почему-то сложилось мнение, что научные работы надо писать наукообразным языком. Такое впечатление, что они не читали работы великих ученых, которые всегда писали живо и нередко «весело». Классическим примером могут служить книги Норберта Винера о кибернетике. «Наукообразность» — это косвенный показатель незрелости исследователя.

Современная российская наука плохо финансируется. Для многих низкие зарплаты стали поводом для оправдания отсутствия работ и вообще низкой научной отдачи. Любой, кто ссылается на финансовую сторону в своей деятельности, не может называться не только ученым, но даже исследователем. Сидящий в человеке «ген науки» будет заставлять его работать и при отсутствии зарплаты. Можно привести множество примеров, когда наука создавалась учеными, которые зарабатывали на жизнь не наукой, а какими-нибудь другими занятиями. Известный случай с российским математиком Перельманом подтверждает этот тезис, хотя, конечно, для современной России это исключение. Научная значимость не определяется зарплатой. Самые большие зарплаты в российской науке получают академики и членкоры. Их научная производительность вызывает большие сомнения. Чаще всего они фигурируют в качестве главных редакторов коллективных трудов, которые зачастую они и в глаза не видели. Так что деньги и научная продукция не находятся в прямо пропорциональной связи.

Одним из признаков научной значимости ученого являются ссылки на его работы, на основе которых определяется индекс цитируемости (ИЦ). В какой-то степени это, может быть, и верно в отношении естественных наук. В сфере же общественных наук этот индекс, наоборот, искажает значимость работы. Поскольку фактически все общественные науки идеологизированы и политизированы, то очень часто ссылаются именно на те работы, которые подвергаются критике. А в соответствии с ИЦ критикуемый автор окажется наиболее «ученым». Кроме того, обычно по этому признаку берутся в расчет статьи, а не монографии. И в этой связи возникает несколько проблем. Во-первых, на публикацию статьи, даже если она принята к печати, в наиболее популярных научных журналах уходит от года до пяти лет (например, в американских журналах типа «Science» или «Nature»). Во-вторых, общественные журналы идеологизированы и публикуют статьи только из своей мировоззренческой ниши. В-третьих, у англоязычных журналов весьма высокие требования к языку, что создает чрезвычайные трудности для зарубежных исследователей. В-четвертых, из-за политизации этих журналов они предпочитают публиковать «труды» людей во власти или занимавших в ней высокие посты. Например, в журнале «Foreign Affairs» несколько раз публиковались проамериканские статьи А. Козырева в бытность его министром иностранных дел РФ. Можно добавить еще ряд других моментов, которые вынуждают с подозрением относиться к данному признаку «научности».

Шарлатаны и фальсификаторы науки. Ненауку надо отличать от лженауки, которую можно определить как создание мифов о природе и обществе с использованием научного аппарата и научной терминологии. Надо отметить, что где-то с конца XX века в науке появилась масса работ псевдонаучного свойства. В принципе в истории их было всегда немало, но сейчас произошел как бы «Большой взрыв». Это прежде всего связано с коммерциализацией науки. Дело в том, что издание чисто научных книг не дает денежной отдачи. Если же в научную работу встроить какую-нибудь мистическую загадку, то спрос резко увеличивается. В свое время издатель заявил астрофизику С. Хокингу: «Если Вы хотите, чтобы

Глава 3
Современная марксистская философия науки

Ваша книга покупалась в книжных киосках аэропортов, то хорошо бы где-нибудь упомянуть про бога». Атеист Хокинг не устоял и «упомянул». Тираж сразу же вырос, принеся миллионные прибыли. Но еще дальше пошел математик Франк Дж. Типлер, представивший картину бессмертия. У него есть книга «Физика бессмертия. Новейшая космология, бог и воскресение из мертвых», в которой он «математически» доказал и существование бога, и процесс воскресения из мертвых[1]. Другой пример — это российские космисты, давшие «жизнь» всей Вселенной. Возможно, некоторые из таких ученых действительно верят в свои чудеса, но большинство из них хитроумные шарлатаны, играющие на приверженности обывателей к мистике и чуду.

Два слова о фальсификаторах. Они обычно занимаются опровержением идей марксизма-ленинизма. У них много способов фальсификаций. Наиболее частый — обычная ложь. Приписывают классикам то, чего они не писали или если и писали, то в определенном контексте, о котором фальсификаторы «забывают» упомянуть. Другой способ — голословность. Часто встречаются такие фразы: как говорил Маркс, как писал Ленин… Где говорил, где писал? Не указывают. Или: Энгельс ничего нового не написал в «Диалектике природы», Ленин написал чушь в книге «Материализм и эмпириокритицизм», Маркс чего-то недопонял в своем «Капитале». Спрашиваешь: а вы читали эти работы? Нет, не читали, но все так говорят.

Обычно эти антисоветчики и антимарксисты не владеют элементарными научными методами. Многие из них искренне, не зная конкретной исторической ситуации, рассматривают ее с позиции современных ценностей и морали. Это касается и знаний об истории СССР. Другими словами, лженаука постоянно демонстрирует полное отсутствие историзма и диалектики. Антикоммунистическая идеология застит таким «ученым» глаза. Но есть и наемные фальсификаторы, которые за идеологическую фальсификацию

---

1. Tipler. The Physics of Immortality. Modern Cosmology, God and the Resurrection of the Dead.

получают деньги. В последующем к теме фальсификации придется обращаться не раз и не два.

* * *

Я здесь не стал затрагивать тему о таких «науках», как эзотерика, уфология, оккультные науки (алхимия, астрология, хиромантия, физиогномика). Даже среди некоторых философов есть такие, которые не отвергают их научный статус. Доказывать обратное здесь было бы глупо (это заняло бы слишком много места). Но следует учесть, что такие «науки» возникли не на пустом месте. Природная тяга человека к мистике, к чудесам, к таинствам, к необъяснимости является благодатной почвой не только для религии, но и для всевозможных «наук», эксплуатирующих человеческие слабости. А может быть, не всегда это и слабости. Страстное желание и вера человека в бессмертие или в Живой космос, предполагаю, могли вдохновлять немало личностей, творивших в сфере подлинной науки. К сожалению, марксизм никогда серьезно не относился к этой стороне человеческой природы. А она требует самого внимательного изучения.

5. Методология и методы

Совершенно естественно, что владение инструментами познания является важным признаком научного исследования. В первую очередь речь идет о методологии, во вторую — о методах. Марксизм признает, что сущность бытия и реальности не зависит от методологии и метода, или инструментов познания. Но познание сущности зависит и от методологии, и от метода. Они могут быть эффективными, менее эффективными или просто ложными. И если в плане методологии марксистский и буржуазный подходы различаются кардинально, на что указывает и предыдущий анализ, то в отношении методов и способов исследования больших противоречий нет: одни и те же методы и инструменты познания могут использовать различные школы. Но не различные науки.

Необходимо четко отличать методологию от методов[1].

Методология — это общие принципы науки в любых ее подразделениях, будь то естественные или общественные[2]. В этом смысле нельзя, например, синергетику выдавать за методологию, поскольку она применяется в ограниченном пространстве, о чем писал и Илья Пригожин. А например, философию позитивизма, воплотившуюся в науковедческих принципах благодаря работам Поппера,

---

1. Для очень многих теоретиков эти слова являются синонимами. К примеру, именно таким образом эти термины рассматривает Марк Нойфелд, когда анализирует метод/методологию «имманентной критики». См.: *Neufeld*. The Restructuring of International Relations Theory, p. 5.
2. Для американцев «методология относится к систематически структурированным или кодифицированным способам проверки теорий». См.: *Models*, Number, and Cases. Methods for Studying International Relations, p. 4.

Куна и Лакатоса, можно рассматривать как методологию, поскольку она применяется как в физике, например в интерпретациях теории относительности и квантовой механики, так и в исследованиях общественных явлений, включая ТМО. Более того, в рамках ТМО позитивистская методология стала доминирующей и до сих пор горячо обсуждаемой темой. Точно так же марксистская методология применима к любым наукам, поскольку она строится на принципах, признающих противоречия движения, которое присуще всем явлениям действительности.

Методы — более узкое понятие, которое в триаде «всеобщее–особенное–единичное» заняло бы промежуточное место — особенное. И хотя существует множество классификаций в определении метода, я бы его обозначил как совокупность специфических приемов исследования для той или иной конкретной науки. Например, исторический метод, эмпирический метод, теоретический метод, метод системного анализа и т.д. Некоторые методы комплексного свойства могут использоваться в различных науках, как та же синергетика, например, в физике, в химии и даже в биологии.

От методов надо отличать *способы* познания. Дедукция, индукция, абдукция, аналитический, синтетический подходы — это фактически способы познания, определяемые законами формальной и диалектической логики и языка. Марксизм не вдается в споры, какой из этих способов продуктивнее. Он использует все способы одновременно, делая упор на диалектику.

Наконец, *инструменты* познания. Среди них наиболее мощным является математика. Она используется там, где вскрыты определенные количественные закономерности, которые необходимо закрепить в математической форме. Ее функция — вспомогательная, вторичная. Правда, есть довольно распространенное мнение, видимо, исходящее из выражения Канта о том, что там, где нет математики, нет науки. В этой связи вряд ли уместны какие-либо

Глава 3
Современная марксистская философия науки

споры: математика всегда венчает открытую закономерность или закон. Но пока этот закон не сформулирован, математике делать нечего. Об этом писал не только Гегель[1]. Например, Пригожин цитирует Бюффона, который в 1748 г. писал: «...ибо, как я уже говорил, с помощью вычислений можно представить что угодно и не достичь ничего»[2].

Хочу подчеркнуть, что с аналогичными высказываниями о роли математизации общественных наук выступают и многие современные ученые, в том числе и сами «естественники», например французский физик Пьер Делаттр или О.Р. Том. Последний, например, отмечал: «Формализация — сама по себе, оторванная от понятийного содержания, — не может быть источником знания»[3].

Между прочим, некоторые методы анализа международных отношений, например системного анализа (не путать с системным подходом), напичканные массой математических формул, не прояснили ни одной проблемы, обсуждаемой в рамках ТМО. Это не значит, что математики надо избегать. Повторяю, если исследователь открыл нечто, поддающееся формализации, то использование математики просто необходимо.

Следует отметить, что предложенные определения вышеназванных терминов в марксистской науке могут варьироваться по форме при сохранении их сущностей. Например, крупный польский теоретик Юзеф Кукулка несколько иначе трактует методы исследования, совмещая их с методологией исследования. Он, имея в виду исследования в области международных отношений, пишет: «... методом мы можем считать систему принципов и способов, регулирующих достижение объективного научного познания реальных международных отношений» (там же, с. 44). И в этой связи сложные (комплексные) методы он расчленяет на четыре вида: 1) общеметодологические принципы познания действительности, 2) методы эмпирических исследований, 3) методы

---

1. *Гегель*. Наука логики, с. 19, 42.
2. Цит. по: *Пригожин, Стенгерс*. Порядок из хаоса, с. 67.
3. Цит. по: *Кукулка*. Проблемы теории международных отношений, с. 80.

теоретических исследований, 4) общелогические методы научного познания (с. 52). Названные методы реализуются у него на основе *методики,* которую он определяет как процедуры и технику исследований.

Приведенный пример только показывает, что и среди марксистов нет единогласия по многим вопросам, включая различные аспекты науковедения.

В связи с методами, способами и инструментами науки хочу повторить один очень важный фундаментальный принцип науки: *нельзя методы естественных наук использовать при анализе общественных явлений.* Законы и закономерности здесь работают как тенденции, поскольку очень силен сам человеческий фактор, способный сопротивляться, а подчас и управлять естественными законами. Пока ученые не усвоят данный принцип, будет появляться масса работ с красивыми формулами и совершенно пустым содержанием. В книге «Диалектика силы» этот принцип научного метода, позволяющий вскрывать суть явлений, у меня изложен более подробно, и я хочу его повторить здесь:

> ***Каждая качественно отличающаяся от предыдущей ступени бытия целостность проявляется на основе законов, формируемых именно данной целостностью, в то время как ее части подчиняются законам предыдущей целостности.***

Что это означает? В упомянутой книге я обратил внимание на одно положение, высказанное вскользь П. Дэвисом: жизнь начинается с момента, когда она обходит законы химии. Дэвис высказал замечательную догадку: новый этап в движении материи начинается тогда, когда ее новое качество как целостности перестает подчиняться законам предыдущей целостности. Но исходя из определения жизни, можно сказать и так: жизнь начинается тогда, когда она оторвалась от законов органического мира, а органический мир — от законов неорганического мира. Таким образом, у физики или, более широко, у неорганического мира свои законы, у органиче-

Глава 3
Современная марксистская философия науки

ского мира — свои, у общества — свои. В то же время их диалектическая взаимосвязь сохраняется через такой феномен, как подчиненность частей любой целостности законам предыдущей целостности. И когда говорят, что организм подчиняется законам химии или физики, что совершенно справедливо, надо иметь в виду, что они работают на уровне частей организма. Атомы и молекулы бактерий, растений или животных работают по физическим и химическим законам, но бактерии, растения или животные как целостности инобытийствуют на основе законов органического мира. Причем этот принцип не имеет обратного вектора, т.е. законы последующей целостности не применимы в отношении предыдущих целостностей ни в их частях, ни в их совокупности. Именно поэтому, например, нельзя применить законы общественного развития к животному миру, а, скажем, закон естественного отбора — к миру неорганики, законы наследственности — к электронам или атомам, а законы физики — к анализу общества. Хотя иногда и возникает соблазн их использовать в обратном направлении. Но и здесь работает Второй закон термодинамики, его детерминистская сущность: время идет только вперед.

Надо иметь в виду, что законы одной целостности отличаются от законов другой целостности в том случае, когда происходит качественный скачок из одной системы пространственно-временных и температурных координат в другую систему координат. Причем сам скачок не является предопределенным, он случаен. Но коль скоро этот скачок произошел, формируется новая система координат со своими законами. Закон и случай неразрывно связаны между собой, одно без другого не существует. Так же как нет порядка без хаоса, и наоборот. Детерминизм работает на уровне законов, но они сами не абсолютны, поскольку законы отражают упорядоченный, а значит, прогнозируемый процесс взаимодействия между субстанциями: исчезают субстанции — исчезают законы. Например, коллапс Солнечной системы (предполагают через 7,5 млрд лет) будет означать коллапс и нашей планеты (с точки зрения жизни человека на Земле это должно произойти намного раньше[1]), а следовательно, и коллапс всех законов органического или общественного миров.

* * *

Если методология — это стратегическое управление строительством научного здания, то методы/способы/инструменты — орудия закрепления тех или иных опорных звеньев этого здания. Само же строительство не может обойтись без конкретного материала, т.е. того, из чего создаются сами опоры. В качестве таковых выступают *понятия* и *категории,* имеющие первостепенное значение в построении науки, т.е. познании бытия. Именно *методология, методы* и *понятийный аппарат* — три столпа, которые отличают науку от не науки. Отсутствие четкого понятийного аппарата являлось и является одной из важных причин того, что область знания — международные отношения — так и не приняла статус науки. Эта тема нуждается в подробном рассмотрении.

---

1. Подр. см.: *Hell* on Earth. — NewScientist. 6 December 2003, p. 36–9.

Глава 4

Понятийно-категориальный аппарат науки

1. Понятия и категории

Каждая наука имеет свой терминологический лексикон. Услышав слова *электрон* или *квант*, любой грамотный человек понимает, что речь идет о физике. Когда произносят слово *молекула* — речь о химии, а аббревиатуру *ДНК* — о биологии. Некоторое усложнение происходит на стыке наук, например в астрофизике, тем не менее область исследования очевидна. Значительно сложнее в обществоведении, особенно в таких близких научных подразделениях, как, например, социология и политология. Многие ключевые термины (*государство, общество, власть* и т.д.) могут относиться к той и другой науке. Еще более запутанная ситуация на стыке социологии, политологии и сферы знания в области международных отношений. В этом одна из причин того, что знания о международных отношениях не сформировались в самостоятельную научную дисциплину, о чем не устают говорить теоретики ТМО.

Итак, существует проблема: нет общепринятого понятийно-категориального лексикона ТМО, как, например, в экономике или политэкономии. Вне зависимости от политических или идеологических пристрастий ученые-экономисты понимают одно и то же под понятиями *стоимость, цена, потребительная стоимость, спрос, предложение* и т.д. При этом надо помнить, что и в политэкономии в свое время было, по словам Маркса, «смешение категорий», пока благодаря работам того же Маркса и последующих экономистов не утвердились устойчивые понятия и категории. Это освобождает их от всяческих споров относительно тех или иных терминов, позволяя концентрироваться главным образом на новых явлениях в экономической жизни или на углублении старых с привлечением более усовершенствованных научных методов. В ТМО же, скажем, одно из ключевых слов при анализе международных отношений — сила имеет такое же количество смыслов, сколько интерпретаторов.

Несмотря на это, как ни странно, немало международников стараются избегать четких понятий и категорий. Бросается в глаза и то, что, даже употребляя слово *понятие*, они искажают его смысл, а скорее всего, и не понимают его значения. Возможно, это неслучайно, поскольку в англоязычных философских словарях нет даже упоминания слова *notion* как понятия в гегелевском смысле. А современные русские философские словари вообще убрали термин *понятие*, который, дескать, перестал быть актуальным. Правда, для большинства российских теоретиков он никогда и не был актуальным.

Следует учесть, что если для некоторых ученых понятия это просто *façon de parler*, то другие отказываются от понятий и категорий, теоретически обосновывая это следующим соображением. Они полагают, что дать определение какому-нибудь явлению, т.е. дать его понятие, означает жестко зафиксировать одно мнение, но это ведь диктатура, а они, будучи демократами, являются сторонниками плюрализма, что предполагает множество мнений об одном и том же явлении. Здесь — очевидное смешение явлений общественной жизни и науки.

Такой подход привел к тому, что многие современные исследователи, в отличие от философов XIX и XX веков, разучились определять явления и придавать им понятийный смысл, операбельный для науки. К примеру, один из авторитетных теоретиков, рассматривая слово *power* как понятие, сохраняет в нем три значения: *власть, сила, государство*. При этом такие теоретики даже

Глава 4
Понятийно-категориальный аппарат наук

не подозревают, что существует разница между понятиями в интерпретации Канта и Гегеля. В первом случае оно обозначается как concept — уровень формальной логики, во втором как notion — диалектика. Правда, это общая проблема западного обществоведения.

В свое время К. Маркс писал:

> Все твердые предпосылки сами становятся текучими в ходе дальнейшего анализа. Но лишь благодаря тому, что они твердо устанавливаются в самом начале, возможен дальнейший анализ без перепутывания всего[1].

Тем не менее до сих пор печать «перепутывания всего» — особая примета в работах по внешней политике и международным отношениям, поскольку отсутствует единый понятийный аппарат. Обнаружились различные подходы, толкования тех или иных категорий, в том числе таких ключевых, как *престиж, сила* и *мощь* государства, *внешняя политика* и *международные отношения*. Возможно, это и естественно в ходе первоначального накопления знаний в указанных областях.

Отсюда следует вывод: ТМО как область знаний только тогда станет наукой, когда будет сформулирован стройный понятийно-категориальный аппарат, отражающий каждое значимое звено объективной реальности в системе мировых отношений. Именно такая попытка предпринята в данной работе.

Я напомню, что Гегель в своей диалектике понятиям и категориям придавал первостепенное значение. Он писал:

> Лишь в своем понятии нечто обладает действительностью; поскольку же оно отлично от своего понятия, оно перестает быть действительным и есть нечто ничтожное; осязаемость и чувственное вовне-себя-бытие принадлежат этой ничтожной стороне[2].

Другими словами — бытийной стороне жизни, но не научной. Следовательно, явления, которые стоят за вышеприведенными словами, пока непонятны, малоизучены, непредсказуемы.

---

1. *Маркс, Энгельс.* Сочинения, т. 46, ч. II, с. 332 (далее — МЭ).
2. *Гегель.* Наука логики, с. 40.

Парадокс состоит в том, что, несмотря на это, именно это размытое «нечто» положено в основу множества научных теорий и даже законов. Оказывается, возможно и такое[1]. Об этом с некоторым раздражением писал Ньютон в своих «Началах»: дескать, я не в состоянии открыть феномен гравитации, поскольку гипотез не измышляю; я занимаюсь экспериментальной философией. Лаконично эту идею сформулировал физик Анри Пуанкаре: «Не важно знать, что́ такое сила, а важно знать, как ее измерить»[2]. Если так, то возникает вопрос: а что же измеряется?

В какой-то степени я также следовал этому правилу, формулируя законы *полюса (мощи)* и *центров силы*, не зная, что такое сила по существу[3]. При этом возникает очень серьезная опасность: действительно ли мы измеряем силу? А вдруг нечто другое? На интуитивном уровне все чувствуют, что сила — нечто фундаментальное. Но что?

Политологи и международники давали множество определений, и в соответствующем месте они будут изложены. Но они сразу же напоминали мне удачное высказывание Ю.М. Батурина: «В науке иногда не очень ясно говорят о том, что не очень ясно себе представляют. Значительно опаснее, однако, когда ясно говорят о том, что неясно представляют»[4].

Ясность же можно внести только установлением иерархии языковых знаков и их значений, переводя их на научный язык, который оперирует понятиями и категориями. Известно, какое значение проблемам научного языка придавали философы, например Кондильяк и Лейбниц. Даже простое уточнение лексикона на уровне терминов нередко проясняет суть проблем.

---

1. Философское обоснование названного парадокса см.: *Клаус*. Сила слова (Гносеология и практический анализ языка).
2. *Пуанкаре*. О науке, с. 73.
3. См.: *Арин [Бэттлер]*. Мир без России, с. 347–52.
4. Цит. по: *Международный* порядок: политико-правовые аспекты, с. 30.

Глава 4
Понятийно-категориальный аппарат наук

Напомню, что Гегель не случайно обрушивался на математиков, претендовавших на истинность доказательств в физике, за то, что математика в принципе не в состоянии вскрыть «качественную природу моментов». Причина проста: математика — «не философия, *не* исходит из *понятия*, и поэтому качественное, поскольку оно не почерпается с помощью лемм из опыта, находится вне ее сферы»[1]. Иначе говоря, качество природы, ее суть может быть вскрыта только через понятия, через определения этих понятий, которые «суть законы».

Если согласиться с тем, что без понятий и категорий невозможно научно познавать сущности и явления, сразу возникает проблема различия понятий и категорий. Нередко даже у великих философов встречаются эти слова как синонимы. Например, у Ленина дается трактовка материи как категории и тут же говорится о ней как о понятии.

Здесь мы сталкиваемся с проблемой нерасчлененного единства категории и понятия. Как пишет М. Булатов, «оно имеет место в текстах, в которых одновременно понимаются отношения категории к вещам, расчлененным на рубрики, и их собственное внутреннее содержание»[2].

Поэтому с самого начала надо определить, что такое *понятие* и что такое *категория*. Между прочим, сам этот предмет является одной из философских проблем, по-разному решаемой различными философами и философскими течениями.

Конечно, наиболее интересные и глубокие определения этим терминам давал Гегель. В своей теории познания он четко различал объективную логику (это наука о понятии самом по себе, о категориях) и субъективную логику, которая есть наука о понятии как понятии о чем-то. «Понятие — это всеобщее, которое вместе с тем определено и остается в своем определении тем же самым целым и тем же самым всеобщим, т.е. такая определенность, в

---

1. *Гегель.* Наука логики, с. 248.
2. *Булатов.* Логические категории и понятия, с. 107.

которой различные определения вещи содержатся как единство»¹. Естественно, диалектика Гегеля ведет его к признанию внутренней противоречивости понятия, поскольку

> ...вообще всякое понятие есть единство противоположных моментов, которым можно было бы, следовательно, придать форму антиномических утверждений².

В той же работе Гегель дает определение термину *категория*. Он пишет:

> Категория, согласно этимологии этого слова и согласно дефиниции, данной Аристотелем, есть то, что говорится, утверждается о сущем (там же, с. 369).

Существуют, как уже оговаривалось, другие воззрения на понятия и категории, которые достойны анализа в специальной работе. Я же хочу ограничиться изложением своего понимания данных терминов, которое сводится к следующему.

> ***Категория определяет наиболее общие свойства бытия или реальности, например, материи, времени и пространства. Понятия — это моменты категорий, или форма мысли, отражающая ту или иную сторону категориального бытия.***

В упрощенном виде категориями оперируют при анализе «вещи в себе», понятиями — «вещи вовне», т.е. в понятии предполагается *п о н я т ь*, познать сущность через ее проявления.

М. Булатов в указанной работе различия эти объясняет таким образом:

> Двойственность категорий возникает в зависимости от того, какой момент их принимается во внимание — бытие «или» мышление. В понятии же, в самом его названии выражено субъективное — «понимание» предмета, а не сам предмет (с. 193).

---

1. *Гегель*. Работы разных лет в двух томах, т. 2, с. 123.
2. *Гегель*. Наука логики, с. 170.

Глава 4
Понятийно-категориальный аппарат наук

При этом надо иметь в виду, что слово *категория* употребляется также и в смысле систематизации, рубрикации, членения той или иной группы объектов. В таком значении дается этот термин, например, в Оксфордском философском словаре: «*Категории*. Наиболее фундаментальные разделения некоторых субъектов-материй»[1]. Именно в таком ключе и понимается термин *категория* большинством философов. К примеру, авторы специальной науковедческой работы «Знания, понятия и категории» почти буквально повторяют словарное определение термина *категория*, под которым они понимают только «категоризацию»[2]. Удивительно, но даже Исайя Берлин в специальной работе о понятиях и категориях ограничивает значение последнего термина свойствами «описания». Он пишет: «Анализировать понятие человека значит осознать те категории, которые его описывают»[3]. То есть первое нечто абстрактное, второе предназначается для ранжирования в данном случае неких качеств, составляющих суть человека. Подобная интерпретация подтверждается последующим его умозаключением: «Базовые категории (и соответствующие понятия [concepts]), отраженные в терминах, которые мы употребляем по отношению к людям, таких как общество, свобода, чувство времени и изменения, страдание, счастье, производительность, добро и зло, правильное и неправильное, выбор, усилие, истина, иллюзия (их все можно взять произвольно), не являются индукцией и гипотезами» (p. 166).

Из этого пассажа становится очевидным также, что Берлин не обращал внимания на то, что такие термины, как *общество* или *свобода*, могут быть одновременно и понятиями и категориями в зависимости от контекста анализа. И этот момент будет поясен чуть ниже.

Чтобы в дальнейшем постоянно не сталкиваться с путаницей, надо заранее определиться с такими категориями, как *бытие*,

---

1. *Oxford* Companion to Philosophy, p. 125.
2. *Knowledge*, Concepts, and Categories, p. 371.
3. *Berlin*. Concept and Categories, p. 163.

общество и *реальность*. Определяя их, мы эти категории превращаем в понятия. А в случае их слияния с сущностью этих категорий, мы получим понятия о понятиях, т.е. возвращаем им статус категорий. И здесь возникает проблема с категорией бытия, у которой нет определения. Напомню, как «определял» его Гегель: «*Бытие, чистое бытие* — без всякого дальнейшего определения»[1]. Вроде бы тупик. Это нечто первичное, у которого нет определения. И эту позицию защищал Ленин, который писал: «Что значит дать "определение"? Это значит, прежде всего, подвести данное понятие под другое, более широкое. Например, когда я определяю: осел есть животное, я подвожу понятие "осел" под более широкое понятие. Спрашивается теперь, есть ли более широкие понятия, с которыми могла бы оперировать теория познания, чем понятия: бытие и мышление, материя и ощущение, физическое и психическое? Нет. Это — предельно широкие, самые широкие понятия, дальше которых по сути дела (если не иметь в виду *всегда* возможных изменений *номенклатуры*) не пошла до сих пор гносеология»[2]. Против такого подхода в свое время возражал А. Богданов. Чтобы выйти из этого тупика, необходимо найти «более общее понятие», равносильное категориальному статусу. Богданов в чисто махистском духе среди таковых назвал опыт, элементы, связь[3]. Я же попробую выйти из этого тупика другим путем, принимая во внимание необходимость «развода» категории и понятия.

Весь окружающий нас мир в самой общей форме делится на не зависимое от нашего сознания бытие и познающее это бытие человечество, организованное в общество. И то и другое есть реальность. Другими словами, *реальность* — более общее понятие, покрывающее и бытие, и общество. Само же общество состоит частично из материального бытия (люди как организмы, орудия труда и пр.). Этой своей частью общество входит в непосредственное бытие. И в то же время оно состоит из мыслящей его части,

---

1. *Гегель*. Наука логики, с. 68.
2. *Ленин*. Полн. собр. соч. в 55 томах, т. 18, с. 149 (далее: ПСС).
3. Богданов. Вера и наука.

обнаруживающей себя в нематериальных феноменах типа свобода, любовь, знания, информация и т.д. Эту часть можно было бы назвать ноосферой общества, которая в бытие не входит, но является частью реальности. Именно этой мыслительной частью и создаются реальные явления — знания о мире, а также мифологические придумки, включая бога, чертей или тот же ранее упоминавшийся Дракон и другие мифы, т.е. весь набор явлений, существующих в эпистемологии или гносеологии, но не существующих в онтологии, т.е. бытии. Возьмем, к примеру, понятие бога. Его нет в бытии (так же как кэролловского снарка — помесь змеи с акулой, Кощея Бессмертного или Бабы-яги), но оно есть в нашей общественной реальности: мы, люди, его придумали, и оно стало занимать важное место в человеческом сознании.

Сказанное можно представить в виде схемы понятийных кругов:

R — реальность, категория философии, чистая абстракция, которая сама по себе не существует, а проявляет себя в бытии или в обществе[1]. Таким образом R=B+S.

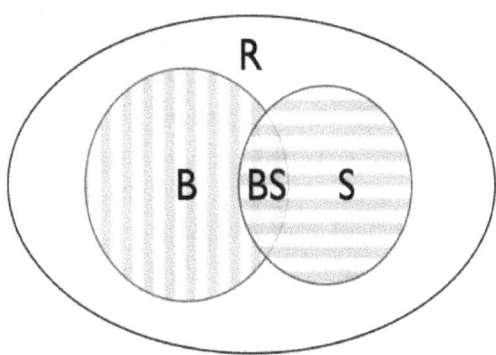

---

1. Реальность, как и 0 (ноль), есть абстракция, не существующая в бытии, но существующая в мышлении, полезной для познания бытийной и общественной реальности.

149

B — бытие, т.е. реальность, проявляющаяся в различного рода материи/энергии. Существует объективно, независимо от сознания наблюдателя. В философии изучается онтологией, т.е. наукой о сущностях. Все сущности, связанные с бытийной онтологией, являются категориями. Категории внедрены в саму объективную реальность, отражают наличное бытие в мышлении.

S — общество, состоящее из двух частей: материальной и ноосферной (мыслительной). Одной своей частью оно входит в бытие и является его частью точно так же, как и часть бытия входит в часть общества. Зона BS — зона материального мира, анализ которого может строиться как на основе онтологии в случае взаимодействия этой части с остальным бытийном миром (например, воздействие промышленных отходов на окружающую среду), так и на основе эпистемологии — в случае взаимодействия этой части с ноосферой (то же воздействие промышленных отходов, но на само общественное развитие). В одном случае используются категории, в другом — понятия.

Ноосферная же часть анализируется на основе понятий, поскольку понятия — это область мышления в сфере субъективной реальности, в которой запечатлевается объективная реальность.

Есть еще один важный момент: переход категории в понятие и наоборот. Обычно это происходит именно в зоне BS. Категория переходит в понятие, когда от нее отсекается то, отражением чего она является, т.е. или само бытие, или его атрибуты. Происходит переход от объективной к субъективной реальности, хотя и взаимосвязанной через отражение с первой, но уже имеющей и самостоятельное значение как способ мышления. Например, *силу* можно рассматривать как категорию бытия (онтологическая сила, онто̀бия), но можно и как нечто, вступившее во взаимоотношения с другими отраженными явлениями, например мощью, и тогда она становится понятием. Так же обстоит дело, например, с категорией *государство*: если ему дано определение, оно превращается в понятие (субъективная реальность).

Глава 4
Понятийно-категориальный аппарат наук

Точно так же и понятия при добавлении к ним функций или свойств бытия могут превращаться в категории. Если к понятию *государство* добавляется, например, его объективность, т.е. существование, независимое от сознания наблюдателя, неизбежность, историчность и т.д., оно тут же становится категорией. Тем более понятия превращаются в категории, когда им придают функции членения и т.д. Понять подобные взаимопереходы весьма непросто. Большинство исследователей о них даже и не догадываются. Но именно из-за таких мыслительных небрежностей многие «науки» похожи на поверхностные журналистские изложения.

Следует особо подчеркнуть еще раз: область знаний получает статус науки только в том случае, если она может быть объяснена на понятийно-категориальной основе. Это хорошо понимали философы, например Исайя Берлин, который справедливо писал о том, что только при наличии твердых и ясных понятий и методов, ведущих к заключениям, только в этом случае и только тогда «возможно конструирование науки, формальной или эмпирической»[1].

* * *

В связи с понятиями и категориями несколько слов о марксистском лексиконе в сфере общественных наук. Марксистская наука разработала очень удобный категориально-понятийный аппарат, который отсутствует у буржуазной науки.

Взять, к примеру, понятие *общественно-экономическая формация*. Это исторически определенный тип общества, представляющий собой особую ступень в его развитии. И для контраста термин *модернити* (modernity), используемый буржуазными учеными. Под «модернити», т.е. под современностью, понимается исторический период с эпохи Ренессанса до настоящего времени. Кроме указания на чисто временной отрезок этот термин больше ни о чем не говорит. Точно так же, как и термины *древность* и *средние века*.

---

1. *Berlin*, p. 145.

Правда, нередко они окрашивают эту периодизацию словами «Античность» (история Греции и Рима), «темные века» (определенный отрезок Средневековья, причем отрезки эти могут быть разными), а современный капитализм такими эвфемизмами, как рыночная экономика и демократия. Это чисто хронологический подход, фиксирующий определенный временной ряд. Но за этой хронологией скрывается очень важный идеологический подтекст.

Известно, что историки разных стран дают разную периодизацию истории и интерпретацию тех или иных событий, исходя из «государственных», точнее, националистических интересов. Каждый в этом может убедиться, прочитав, скажем, изложение истории Второй мировой войны в учебниках США, СССР, Китая и Японии. Идеологический фактор работает по-другому. Так называемые «деидеологизированные» историки, социологи, политологи и философы (я их называю «объективистами») выхолащивают социальные противоречия эпохи, среди которых главными являются классовые противоречия, а всевозможные войны объясняют в духе Канта, т.е. извечной тягой человека к войнам и насилию. Отсюда чисто хронологический подход, позволяющий избегать анализа этих самых противоречий.

На мой взгляд, марксистский понятийный исторический аппарат богаче и глубже, поскольку в нем отражается социальная суть того или иного периода, качественное отличие одной формации от другой. С точки зрения марксистов история делится на первобытное общество, рабовладельчество, феодализм, капитализм и социализм. И хотя хронологически эти термины покрывают приблизительно те же самые периоды, которые используют объективисты (за исключением первобытного общества и социализма/коммунизма), однако они сразу же указывают на специфику каждого из названных периодов.

В результате Древность, или Античность, мы обозначаем как рабовладельчество, которое фактически завершилось с распадом Римской империи в западной части Европы во второй половине V в. (476 г.), после чего начали формироваться европейские государства на феодальной основе. Средние века, или феодализм, длились

Глава 4
Понятийно-категориальный аппарат наук

до начала XVII века (т.е. до Нидерландской буржуазной революции), с середины которого начал свой победный марш мировой капитализм, а уж ему в XX веке бросил вызов мировой социализм, представленный в XXI веке самой динамичной державой мира — Китаем.

Следует также отметить, что в рамках формации марксизм выделяет понятия *надстройка* и *базис*. Это не просто политика и экономика, как в буржуазной терминологии, а комплекс качественных составляющих данных понятий. Эти понятия были разработаны классиками марксизма-ленинизма на обширнейшем фактическом материале, позволяющем четко отличать одни явления от других. Между прочим, одна из до сих пор спорных проблем о границе между внутренней и внешней политикой как раз и заключается в том, что у буржуазных ученых нет четкого и единого понимания даже самих терминов *политика* и *экономика*. И так почти по всем ключевым терминам, которые используются в анализе международных отношений.

2. Способ познания

В предыдущей главе коротко было уже сказано о способе познания. Полагаю необходимым остановиться на этом подробнее. Способов познания бесконечное множество. Выбор зависит от научной среды, в которой вращается тот или иной исследователь, а также от той литературы, к которой исследователь тяготеет в силу своих пристрастий или тех или иных обстоятельств. В этой связи я не стал бы утверждать, что тот или иной способ исследований предпочтительней. По многим причинам я тяготею к тому методу исследований, который не признается большинством западных ученых, а именно, повторюсь, к диалектическому материализму. Его ядром является диалектика Гегеля, которая на гносеологическом уровне схематично выглядит следующим образом.

Обыденное сознание, или рассудок, по Гегелю, исходит из раздельности содержания познания и его формы, т.е. истины и достоверности. На первой стадии познания предполагается, что материя познавания существует сама по себе вне мышления как некий готовый мир. Мышление же примыкает к этой материи как некая форма извне, наполняя ее и в ней обретая некое содержание. Отсюда следует, что Гегель рассматривал понятия как нечто субъективное, как противостоящее предмету в качестве «внешней рефлексии». Здесь понятие, или, точнее, знание о предмете, противостоит этому последнему как непосредственное. Понятие только удостоверяет наличие предмета через его проявления. Истина остается пока «в себе». Это естественно, так как мышление, схватывающее явления предмета, представляет собой абстрагирующий рассудок и ведет себя как обыкновенный здравый смысл, способный отражать чувственную реальность, которая как раз и сообщает ему содержательность. Но здравый смысл очень воинствен и часто выдает себя за разум, хотя на самом деле таковым не

Глава 4
Понятийно-категориальный аппарат наук

является, поскольку он познает только чувственную реальность (= субъективную истину), т.е. явления, а не природу вещей.

Вторая стадия — стадия объективизации понятия, когда оно выступает из своей субъективности, «внутренности» и погружается в предмет, становится адекватным ему. Тогда наступает момент познания истины, которая есть «соответствие мышления предмету, и для того, чтобы создать такое соответствие — ибо само по себе оно не дано как наличное, — мышление должно подчиняться предмету, сообразовываться с ним»[1].

Проекция этой идеи на любую тему означает, что мы, подчинившись этому предмету, открыли истину «для себя». Другими словами, проявив здравый смысл, мы обнаружили всего лишь наличие этого предмета. И здесь необходимо иметь в виду одну очень важную вещь. Даже если признать, что некое представление действительно адекватно отражает реальность, то в этом случае это всего лишь изменение в образе мыслей, восприятии. «Следовательно, даже в своем отношении к предмету оно (мышление. — *А.Б.*) не выходит из самого себя, не переходит к предмету; последний остается как вещь в себе просто чем-то потусторонним мышлению» (там же, с. 35). То есть процесс определения не видоизменяет на этой стадии сам предмет (например, экономику, политику), он принадлежит исключительно мышлению. Хотя *такое* мышление отличается от предыдущего: произошло восхождение рассудка к разуму, т.е. отрицание разумом *рассудка*. Здесь наблюдается прогресс, скачок. Но остается и существенный минус. Даже видоизмененное мышление (разум) не затрагивает суть предмета; последний остается сам по себе, «пустой абстракцией», вещью в себе[2]. Чистейшее кантианство, если только не произойдет дальнейшего движения, т.е. пока вещи и мышление о них не будут соответствовать друг другу, мышление в своих имманентных определениях и истинная природа вещей не составят одно содержание. По Канту, это вообще невозможно, так как у него «вещь в себе» — «пустая абстракция». А

---

1. *Гегель*. Наука логики, с. 34.
2. *Ленин*. ПСС, т. 29, с. 83.

Гегель, как подчеркивал Ленин, «требует абстракций, соответствующих вещи» (там же, с. 84), потому что, как показало движение сознания, «лишь в абсолютном знании полностью преодолевается разрыв между *предметом* и *достоверностью самого себя* и истина стала равной этой достоверности, так же как и эта достоверность стала равной истине»[1].

Таким образом, на третьей стадии достигается такое единство субъективного и объективного, при котором понятие находит свое адекватное выражение. Такое взаимопроникновение противоположностей — мысли и объекта — означает раскрытие истины.

Напомню, что приближение к истине разворачивается в такой последовательности:

> *Рассудок определяет* и твердо держится определений; *разум* же отрицателен и диалектичен, ибо он обращает определения рассудка в ничто; он положителен, ибо порождает *всеобщее* и постигает в нем особенное (там же, с. 19).

Соединение того и другого приводит к «рассудочному разуму, или разумному рассудку», что равно позитивному.

Любой знакомый с тезисами Маркса о Фейербахе обратит внимание на то, что воспроизведенные выше рассуждения Гегеля послужили основой для критики концепции познания Фейербаха. Главный недостаток последнего, писал Маркс, заключается в том, что «предмет, действительность, чувственность берется только в форме *объекта*, или в форме *созерцания*, а не как *человеческая чувственная деятельность, практика*, не субъективно»[2]. Такой подход в корне противоречит гегелевским взглядам, когда исключается деятельная сторона мышления, его слияние с предметом, мышление как предметная деятельность. Утверждение такого подхода ведет в конечном счете к отрыву мышления от предмета, теоретической деятельности от практики, в результате чего хиреет как

---

1. *Гегель*. Наука логики, с. 39.
2. *МЭ*, т. 3, с. 1.

Глава 4
Понятийно-категориальный аппарат наук

сама мысль, так и практика. Маркс, выступая против этого, писал:

> Вопрос о том обладает ли человеческое мышление предметной истинностью, — вовсе не вопрос теории, а *практический* вопрос. В практике должен доказать человек истинность, т.е. действительность и мощь, посюсторонность своего мышления (там же).

Таким образом, марксистский способ познания — это творческое использование гегелевского способа познания, истинность или ложность которого постоянно должны проверяться на практике.

* * *

Еще раз хочу повторить. Существуют различные принципы мыслительной деятельности рассудка и разума. В обыденном сознании обычно оперируют словами, которые дают возможность описывать явления окружающего мира. К сожалению, и та область знания, которая охватывает внешнюю политику и международные отношения, не обладает своим языком — понятийным аппаратом, довольствуясь в лучшем случае терминами. Они же не обрели понятийную определенность. В этом их уязвимость. Внешняя политика и международные отношения как сферы исследований продолжают уповать на здравый смысл, который в лучшем случае отражает чувственно-конкретные представления рассудка. А он мыслит по принципу, как остроумно заметил Гегель, «жить и жить давать другим» (=плюрализм), т.е. признает определения, термины как «равнодушные» друг другу без противоречий, без сопряженностей. Поэтому уже давно настала пора к этой сфере знания приобщить разум, оперирующий понятиями. Через них постигаются противоположности в их единстве, постигается положительное в отрицательном, в отрицательном положительное. Разум удерживает понятия в их определенности и познает исходя из них.

3. Прогнозы: общие методологические объяснения

Несмотря на то что большнство теоретических школ отрицают возможность научного прогнозирования международных отношений, многие ученые весьма активно втянуты в этот процесс. Более того, прогнозирование даже стало своего рода отдельной дисциплиной под названием «футурология». Свое развитие и признание эта сфера науки получила в стенах Гудзонского института, директором которого была такая яркая личность, как Герман Кан. Прежде чем обращаться к прогнозам международных отношений, нужно сначала разобраться на теоретическом уровне: возможно ли действительно делать прогнозы на базе научных инструментов познания? А если возможно, то на какую временную́ глубину можно прогнозировать?

Известно, что делать прогноз, скажем, на сто лет вперед легко и одновременно очень сложно. Легко потому, что те, для которых делается этот прогноз, не смогут его проверить. Сложно потому, что с позиции науки его просто невозможно сделать. В этом убеждают не только сама научная логика, но и все предшествующие прогнозы, которые мне удалось прочитать. Красноречивым примером этой очевидной истины служат футурологические книги того же Германа Кана и его коллег, прогностические оценки которых не выдержали испытание временем даже на «глубину» 30 лет[1]. Правда, как справедливо писалось в советское время, западные ученые делали свои прогнозы на базе футурологии, которая фактически не имеет отношения к науке, а являет собой идеологизированный взгляд на

---

1. См.: *Kahn, Wiener.* The Year 2000; Kahn & others. The Next 200 Years. Правда, считается, что он верно спрогнозировал возвышение Японии до статуса великой экономической державы.

Глава 4
Понятийно-категориальный аппарат наук

будущее, в котором должен процветать не просто капитализм, а прежде всего американский капитализм, т.е. США.

Прогностика как наука стала развиваться именно в СССР. В ней были заложены определенные принципы и детально расписаны приемы прогнозирования. Однако верные методологические посылки не сопровождались точными прогнозами социальных явлений, и тоже из-за идеологии, только на этот раз идеологии коммунизма. В результате прогнозы советских ученых даже на период в те же 30 лет не оправдались.

Существует много вариантов видения будущего. И не меньше форм их изложения. В тех вариантах, в каких они излагались Нострадамусом или болгаркой Вангой, «прогнозировать» можно не только на сто, но и на тысячелетия вперед. Подобные прогнозы я оставляю для гадалок, астрологов, космистов и очередной Ванги.

Некоторые прогнозисты исходят из «здравого смысла». Определенный «смысл» в таком подходе есть, поскольку он опирается на жизненный опыт и определенные знания. Возможно, он может быть востребован для краткосрочных прогнозов на период, например до семи лет. Но он в любом случае будет субъективен и совершенно точно не будет работать на более долгие сроки, тем более что «здравые смыслы» в различных странах разные. Например, здравый смысл русского резко отличается от здравого смысла американца, а последнего от здравого смысла японца.

В данной монографии будет предпринята попытка дать все-таки научный прогноз, который требует предварительной расшифровки. Чтобы не было путаницы, прежде всего надо определиться в терминах: предвидение, предсказание (prediction) и прогноз (prognosis, forecasting).

Самым общим понятием является *предвидение*[1], и под него подпадают все виды фиксации будущего.

---

1. Между прочим, имя Прометей с древнегреческого означает «предвидеть».

Предсказание в советской версии определялось как предвидение таких событий, количественная характеристика которых либо невозможна (на данном уровне развития познания), либо затруднена[1]. Еще и так: предсказание — это достоверное, основанное на логической последовательности суждение о состоянии какого-либо объекта (процесса или явления) в будущем[2].

Американец Дэниел Белл интерпретирует этот термин следующим образом: предсказание (prediction) обычно имеет дело с событиями, это в значительной степени функция деталей внутри знания и выявление того, что вытекает из длительного вовлечения в ситуацию[3]. То есть, грубо говоря, это — экспертная оценка специалистов в знакомых им областях знания.

Мое определение такое:

Предсказание — это фиксация вероятного события без научного его обоснования.

Если иметь в виду американскую литературу на эту тему, то большая ее часть как раз и строится на базе определения Белла. Действительно, ученые предсказывают явления, которыми они занимаются. Когда же знакомишься с научным обоснованием их предсказаний, то они, скорее всего, попадут разряд предсказаний в соответствии с моим определением. Что я и попытаюсь продемонстрировать в последующем.

Прогноз[4] — более серьезная вещь. В СССР он определялся так: прогноз — это высказывание, фиксирующее в терминах какой-либо языковой системы наблюдаемое событие и удовлетворяющее следующим основным условиям:

---

1. *Лисичкин.* Теория и практика прогностики, с. 87.
2. *Рабочая* книга по прогнозированию, с. 7. Авторы данного определения не замечают, что предсказание не может быть «достоверным», т.е. 100-процентным в принципе.
3. *Bell*, The Coming Post-Industrial Society, p. 3–4.
4. С греческого языка означает «знать заранее».

Глава 4
Понятийно-категориальный аппарат наук

— в момент высказывания нельзя однозначно определить его истинность или ложность;

— оно должно содержать указание на интервальное время и место осуществления прогнозируемого события;

— этот интервал должен быть закрытым и конечным[1].

В США слово *прогноз* передается словом forecasting (планировать заранее) и он возможен там, где существуют закономерности и повторения феномена (которые редки) или где существует устойчивая тенденция, направление которой, хотя и в неточных траекториях, можно зафиксировать статистически во времени, либо эта тенденция сформулирована как историческая. Чем длительнее время, тем больше вероятность ошибок[2].

В обобщенном варианте я сформулировал понятие *прогноз* так:

Прогноз — это форма предвидения на основе достижений науки и техники.

Существуют различные варианты прогнозов[3], но в рамках данной работы я ограничусь одним — поисковым вариантом, который предполагает определение возможных состояний явления будущего. (Вопрос ставится так: что вероятнее всего произойдет при условии сохранения существующих тенденций?)

Как уже говорилось, научное предвидение основано на знании закономерностей развития природы, общества, мышления. Там, где будут зафиксированы закономерности, будут даваться прогнозы, где они отсутствуют или четко не выявлены, будут даваться предсказания.

---

1. *Лисичкин*, с. 87.
2. *Bell*, p. 3–4.
3. Подр. см.: *Рабочая* книга, с. 10.

Надо иметь в виду, что, по классификации, сверхдолгосрочными прогнозами называются те, временной интервал которых выходит за пределы 30 лет. Необходимо принять во внимание, что есть и суперглобальные прогнозы. Это «прогнозы относительно объектов с уровнем организации выше девятого порядка, т.е. 1×10^9 степени (например, мир в 2000 г.)»[1]. Осуществить такой прогноз на индивидуальной основе невозможно. Тем более что, думаю, очевидно: прогнозы социально-экономического и международного характера принципиально вероятностны.

Я хочу высказаться еще об одной вещи, на что никто не обращает внимания.

Трудности прогнозирования не ограничиваются проблемами понимания терминов *прогноз* или *предвидение*. Не меньшая проблема возникает с понятиями, которыми описывается прогноз. Проблема понятий — это проблема понимания сути происходящих процессов. Если ученые используют какой-то важный термин, не определив его на понятийном уровне, тогда описание отношений в любой сфере приобретет характер бытового разговора «обо всем и ни о чем». То, что не определено, невозможно прогнозировать. Прогнозы американских «политических реалистов» никогда не сбывались, поскольку они не смогли определиться, какая разница между силой-power и силой-force. Или возьмем уже упоминавшийся термин *Азиатско-Тихоокеанский регион* (АТР). Все АТР-поклонники в 1970-е годы прогнозировали, что к началу XXI века центр мировой политики сместится из Атлантики к Тихому океану. Прогноз не оправдался в том числе и потому, что у всех ученых была различная интерпретация самого термина «АТР». Он не был выведен на понятийный уровень. И это невозможно было сделать, поскольку за этим термином не стояло адекватного явления. Термин ложно интерпретировал события, происходившие в Восточной Азии.

Другими словами, если описание явлений происходит на основе именно слов и даже терминов — это не наука, это разговоры о том о сем, не годные для прогнозов.

---

1. *Лисичкин*, с. 110.

Глава 4
Понятийно-категориальный аппарат наук

Безусловно, сам понятийный аппарат есть производное не просто научной школы, но и идеологии. Совершенно иначе будут прогнозировать будущее приверженцы капитализма и сторонники социализма. У них будет разная методология и разный понятийный инструментарий. На данный момент я не хочу сказать, что прогнозы, построенные на той или иной конкретной идеологии, имеют какие-либо преимущества. Однако надо иметь в виду, что сторонники социализма по крайней мере стремятся строить свой научный анализ настоящего и будущего на основе именно науки, заложенной в фундамент самой системы. Не всегда им это удается, нередко некоторым из них идеология затмевает мозги. Но в принципе марксистско-ленинская идеология строится на базе исторической практики и диалектического материализма. Современная же идеология капитализма не имеет научной методологии, она скорее прикладная, и особенно это стало заметно с начала XXI века. Футурологические работы западных ученых, опьяненных «коллапсом коммунизма», практически все стали сверхидеологизированы в пользу вечного капитализма. Это не означает, что среди работ буржуазных ученых нет серьезных трудов, посвященных прогнозам будущего. Есть. Но их удачные прогнозы, если иногда и сбываются, касаются главным образом перспектив научного-техничного прогресса, но не социальных явлений будущего. Неслучайно даже экономическая наука свелась к идеологии, что не позволяет объективно анализировать экономические процессы в системе капитализма. Отсюда и «неожиданные» кризисы 1998 и 2008 гг.

Вместо заключения

Понятие «ученый» и взаимосвязь между философией и обществом

Казалось бы, после рассуждений о науке, методологиях и методах, понятиях и категориях не составляет труда определить как бы самоочевидное слово — *ученый*. Другими словами, кого можно называть ученым? Или иначе, каким образом та или иная личность проявляет свою сущность как ученый?

Для обывательского мышления и здравого смысла слово *ученый* обычно обозначает человека, который осуществляет исследования. В мире в 2007 г., как явствует из доклада ЮНЕСКО за 2010 г., работало 7,2 млн ученых. Но в этот разряд попали все, кто так или иначе причастен к науке в рамках НИОКР: это и ученые, и инженеры, и технический персонал. Очевидно, что названные три категории — не однопорядковые явления[1]. Речь может идти только о категории, которая обычно обозначается термином *исследователь* (researcher). Но, как утверждалось выше, этого недостаточно. Исследователя как ученого можно определить только по «продукции», под которой, естественно, понимается не количество печатных листов, а нечто такое новое, что ранее не существовало. Но качество «не существовавшего» можно определять по-разному. Удачное определение, на мой взгляд, сформулировал А.С. Кармин:

> Научное достижение обычно считается *открытием* только в том случае, если оно связано с образованием принципиально новых

---

1. Ницше, чтобы отделить подлинных философов от неподлинных, последних называл научными работниками философии.

представлений и идей, не являющихся простым логическим следствием из известных научных положений[1].

Я мог бы привести много других определений качества открытий, но в конечном счете все они сводятся к одному — к раскрытию закономерностей и как следствие — открытию законов. Но тут же встает вопрос и о качестве (или значимости) самих законов. Для ранжирования и законов, и открывших их ученых не обойтись без определения категорий Гегелем.

Ученый — это человек, который открывает законы природы и общества. Его масштаб зависит от того, на каком уровне познания действуют открытые им законы: _всеобщего, особенного или единичное._ К первому уровню относятся ученые-гении, которых за всю историю человечества наберется не так много. Их открытия носят _всеобщий_ характер, то есть охватывают как онтологию, так и гносеологию (эпистемологию). На этом уровне находятся Платон, Сократ, Аристотель, Леонардо да Винчи, Гегель, Кант, Коперник, Лейбниц, Ньютон, Р. Клаузиус, лорд Кельвин, Л. Больцман (последние трое — авторы Второго закона термодинамики), Эйнштейн, Н. Винер и др. Из экономистов, на мой взгляд, к такого масштаба ученым относятся А. Смит, Д. Рикардо, К. Маркс. Обычно такие ученые обладают энциклопедическими знаниями. Это те ученые, которые ускоряли прогресс всего человечества.

Ко второму уровню — _особенному_ — относится значительно большая часть ученых, открывавших законы в конкретных науках. Это такие, как Ом, Ампер, Гаусс, Лобачевский, Паскаль, Менделеев, семья Кюри, Шредингер, Гейзенберг и др. К третьему уровню — _единичному_ — примыкает еще большее количество ученых, открывающих законы или закономерности по частным проблемам внутри конкретных наук. К таковым относятся, например, лауреаты Нобелевских премий последних десяти-пятнадцати лет.

Главный признак ученого — его способность открывать законы или закономерности. Обычно это происходит в сфере

---

1. _Кармин._ Научные открытия и интуиция, с. 156.

фундаментальных наук, которые концентрируются на поиске общих закономерностей окружающего мира. Их не надо путать с учеными-прикладниками. Последние занимаются важнейшим делом — внедрением результатов фундаментальных открытий в практику (в конкретные отрасли науки и производства). Как раз именно эта категория составляет подавляющую часть персонала в рамках НИОКР. Не уверен, что их можно называть учеными, хотя их роль нельзя недооценивать. Без них ученый-фундаменталист — никто. И в этой связи нельзя не согласиться с Н. Винером, который совершенно справедливо писал: «Вполне вероятно, что 95% оригинальных научных работ принадлежит меньше чем 5% профессиональных ученых, но большая часть из них вообще не была бы написана, если бы остальные 95% ученых не содействовали созданию общего достаточно высокого уровня науки»[1].

Надеюсь, что читатель, исходя из вышеизложенного, будет более четко отделять ученых от научных работников.

* * *

А теперь о взаимоотношениях между философией и обществом. Когда исследователь подвергает критике те или иные направления в философии, всегда надо иметь в виду одну очень важную вещь: любая философия или какие-то ее разновидности возникают не сами по себе, а отражают те или иные стороны общественной жизни. Доминирующая же философия отражает содержание всей системы общественных отношений, т.е. формационную сущность того или иного государства или системы государств. Другими словами, каждой исторической формации соответствует та философия, которая удовлетворительно обслуживает правящие классы. Конкретно это означает следующее.

Начало европейской философии положили древние греки. В период рабовладельчества только начали возникать философские

---

1. *Винер*. Творец и будущее, с. 702.

школы и на их основе зачатки науки. Это был период «расцвета ста цветов», когда философия и наука строились на догадках, мифах и результатах общественной практики. Многообразие философских течений в то время отражало многообразие форм политических конструкций различных полисов Древней Греции. Несмотря на широкий в географическом смысле охват территорий греческой «империи», особенно после походов Александра Македонского, Греция не была единым централизованным государством. Поэтому у нее и не было единой доминирующей философии. В отражении природы и общества философия в целом находилась еще в состоянии созерцания, т.е. на уровне отражения явлений, но не сущностей. Вершинами философской мысли рабовладельческой Греции были Сократ, Платон и Аристотель, которые отразили различные стороны явлений природы и общества и внесли громадный вклад в разработку самого процесса познания. Первые двое через диалектику, последний — через категориальный аппарат.

Римская империя оказалась значительно беднее в области философии, но богаче, выражаясь современным языком, в политологии. Доминантой последней стала идеология превосходства Рима над всем миром и над всеми народами. И такая позиция была оправданной, поскольку Рим действительно превосходил окружающий мир, состоящий из варварских племен.

Процесс распада Римской империи шел рука об руку с усилением христианской религии. Постепенно философия уступила место религии, завоевавшей общественное сознание всего феодального мира. Это означало откат даже от первой ступени познания — «живого созерцания». Богословие в форме авторитарной теологии на базе доктрин и догматов церкви определяло общественное и политическое сознание феодальных обществ. Обычно в этой связи многие прогрессивные философы говорили и говорят о негативном воздействии теологии на ход развития тогдашних обществ. Достаточно сказать, что в период феодализма фактически не росла средняя продолжительность жизни в Европе на протяжении тысячелетия, а это главный индикатор прогресса. И тем не менее надо иметь в виду, что дело не в самой теологии, она есть всего лишь отражение общественного сознания и экономического развития государств тогдашней Европы. Для обществ того периода не нужна была глубокая философия Аристотеля и Платона. Их философию теологи Средних веков подавали в упрощенном, кастрированном виде. Создавать и укреплять феодальные государства можно было только на базе единого бога, и Библия послужила благодатной философской и идеологической базой.

У капитализма другая задача. Сломать феодальные общества и создать новое, капиталистическое. Такие задачи потребовали познания если не сущностей, то явлений. Произошел резкий скачок в развитии науки и философии. И хотя на начальной стадии развития капиталистических обществ возникло множество направлений в философии, некоторые из которых пытались докопаться до сущностей, в пору победы капиталистической формации в Западной Европе, где-то в середине XIX века, стала утверждаться философия позитивизма, в США принявшая форму прагматизма. Эти философские направления стали доминирующими в капиталистических обществах. И это неслучайно. Позитивизм (прагматизм), очищенный от религиозных догм, вскрывал многие явления природы и общества. И без познания всяких сущностей он был более чем достаточен для утверждения капиталистических основ экономики и политики. Отсюда и главный тезис позитивистов: истина то, что продается и покупается. И даже в настоящее время, когда капитализм в своей «постиндустриальной» стадии перестал чувствовать себя уверенно, позитивизм (прагматизм), хотя и в модифицированных формах (с приставками «пост», «нео» и т.д.), остается доминирующей философией. Правда, он постепенно теснится другими философскими течениями типа конструктивизма или неомарксизма, течениями, которые пытаются познать явления природы и общества уже на сущностном уровне. В любом случае надо признать, что философия позитивизма — это вполне адекватное отражение развития общества на стадии капитализма.

Марксизм — это наука, философия и идеология коммунизма. Коммунизм, если рассматривать это понятие в широком смысле, может функционировать на базе подлинной науки, т.е. на базе законов и закономерностей, которые отражают не только явления, но и сущности этих явлений. И хотя коммунизм объективно вырастает из капитализма, но удержание его на собственной формационной платформе требует научного управления. Капитализм тоже в этом смысле не лишен такого управления. Но практика показала, что капитализм может удовлетвориться познанием явлений. Для коммунизма этого недостаточно. Без познания сущностей не только не построишь коммунизм, но и его первую стадию — социализм. Распад Советского Союза и социалистического лагеря в Восточной Европе говорит о том, что философы и ученые этих стран «сущностей» коммунизма и даже первой его стадии — социализма не познали. И были наказаны результатом.

Затронутая выше тема не является объектом данного исследования. Она поднята здесь только для того, чтобы читатель зафиксировал одну мысль: каждой общественной формации соответствует доминирующая философия. Для рабовладельческих обществ — это эклектизм, сформированный на простом созерцании. Для феодализма — религиозная догматика и схоластика, основанные на богословских интерпретациях греческих философов и Библии. Для капитализма — философия позитивизма (прагматизма), построенная на познании явлений (по Канту и Гегелю, «вещей-во-вне»). Для коммунизма/социализма — марксизм как философия и наука, базирующиеся на познании бытийной сущности и реальности.

Естественно, все это на уровне «всеобщего». На уровнях же «единичного» и «особенного» картина намного разнообразней.

КНИГА II

ОНТОЛОГИЧЕСКИЕ И ГНОСЕОЛОГИЧЕСКИЕ ОСНОВЫ МИРОЛОГИИ:
СИЛА И ПРОГРЕСС

Введение

Эта часть работы посвящена темам, которые не обсуждаются в рамках исследований ни ТМО, ни вообще мировых или международных отношений. Не рассматриваются они в социологии и политологии. Но они имеют фундаментальную значимость для анализа всех общественных дисциплин: если не определиться с наиважнейшими категориями *прогресс* и *сила*, любое исследование будет ограничено только фиксацией явлений без их глубинного понимания, т.е. вскрытия сущностей. Эти категории должны присутствовать в любом исследовании, затрагивающем судьбу человечества. Хотя эти слова и употребляются во многих работах, но или без определения их содержания, или с определениями, которые не адекватно отражают их бытийную суть. Для того чтобы правильно понимать рассматриваемые категории, надо выяснить действия многих других явлений, которые в конечном счете аккумулируются в категориях *прогресс* и *сила*. Эти явления отражаются в таких понятиях, как жизнь, сознание, мысль, разум, знания, информация, энтропия, истина, идеи и т.д. В свое время анализ этих явлений был изложен мной в двух упоминавшихся монографиях «Диалектика силы: онто́бия» и «Общество: прогресс и сила (критерии и основные начала)». В них же были выведены два закона, или начала общественного развития: закон общественный силы и закон общественных знаний.

Мирология опирается на эти законы, категории и понятия общего характера, которые, надеюсь, анализ мировых и международных отношений выведут за рамки нынешних парадигм в другую систему координат.

Глава 1

Онтологическая сила, или онто́бия

Для того чтобы ясно понимать значение термина *сила* в мировых и международных отношениях, надо было выяснить его суть на онтологическом уровне, то есть как «вещь-в-себе» в бытии. После изучения работ значимых философов я пришел к определенным выводам, которые изложил в упомянутых монографиях. Но поскольку не все имели возможность прочитать их, я счел необходимым воспроизвести формулировки и определения ключевых категорий и понятий, без которых нельзя обойтись в анализе мировых отношений. Я не стал кардинально менять текст, внеся в него только некоторые соображения, которые возникли уже после написания названных работ.

* * *

Сила есть реальность объективного мира наряду с материей, движением, временем и пространством. Задача заключается в том, чтобы определить, в каком соотношении находятся названные категории. На языке диалектического материализма эти соотношения описываются следующим образом: время и пространство являются формами существования материи, которая проявляет себя в виде вещества, энергии, вакуума, излучения, диффузной материи, возможно, темной материи и энергии и т.д. Диалектический материализм утверждает также, что материя не существует без движения, хотя и не объясняет источник движения.

Такое умолчание, видимо, связано с тем, что когда-то Энгельс в «Диалектике природы» раскритиковал бюхнеровский вариант концепции силы-материи, отведя силе только область классической механики. Следствием явилось то, что категория силы выпала из сферы внимания философской части диамата. Однако, как справедливо утверждали философы-классики, материя, движение и сила неразрывно связаны между собой, и эта связь проявляется в том, что именно сила является источником движения материи.

Но откуда берется эта самая сила? В гегелевской терминологии я бы определил ее следующим образом: сила как таковая есть в себе, ибо она есть сама-для-себя-бытие благодаря вовне–себя–бытию, т.е. инобытию. Внешне она проявляется в движении (благодаря этому мы ее и распознаем), т.е. в своих проявлениях сила *положена* как движение. Другими словами, раз есть проявление, есть и его сущность, иначе нечему было бы проявляться. Следовательно, движение и есть бытие силы, но само движение есть и бытие материи. Отсюда сила, наряду с пространством и временем, является еще одним атрибутом, или, иначе, формой существования материи.

Время выражает длительность бытия и последовательность состояния всех материальных субстанций во Вселенной; пространство характеризует их протяженность. Онтологическая же сила, или онто́бия (Ontóbia)[1], является источником движения материи. Это значит, что она не материя, так как не имеет ни массы, ни времени, ни пространства. Но сила, будучи источником движения материи, фактически определяет ее качество, структуру, поскольку и качество, и структура материи проявляются через движение. Следовательно, сила не существует сама по себе, вне материи, точно так же как материя не существует без силы. В приблизительном варианте она напоминает душу или мысль человека: и то и другое не существует без человека, но и то и другое не является

---

1. Слово *онто́бия* состоит из двух греческих слов: *онтос* — сущность и *биа* — сила. Согласно традициям русского произношения, окончание «иа» передается, как «ия».

Глава 1
Онтологическая сила, или онто́бия

материей: у них нет массы, нет времени и пространства. Но если душа и мысль являются свойствами только человека (да и то не всякого), то онто́бия является атрибутом всего бытия. Онто́бия — категория философская, абстрактная, она — *всеобщее*, но проявляет себя через особенное и единичное, переходя в разряд понятий, отражающих различные структуры движущейся материи, будучи ее неотъемлемой частью.

На графике вектор К означает движение (kinisi). Пространственно-временной сегмент t_1S_1 занимает микро-и макромир; в нем онто́бия (О) проявляет себя как физическая сила, фибия (Fybia, F)[1], определяющая структуру материи в неорганическом мире. Пространство t_2S_2 — органический мир; здесь господствует органическая сила, оргабия (Orgabia, Orb), т.е. закономерностями движения в органическом мире управляет другая сила, а именно Orb, которая включает в себя также и предыдущую силу F. В сферу

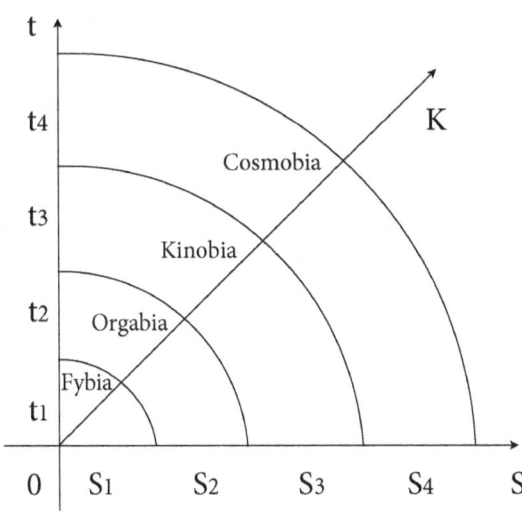

---

1. Этот и последующие термины составлены из частей соответствующих греческих слов и воспроизведены на русском языке по их произношению (а не написанию). *Физи* — природа, *органикес* — органика, *киномия* — общество, *космос* — космос. Плюс *биа* — сила.

человека и общества — пространство t_3S_3 — входят два предыдущих пространства со своими силами, но доминирующей силой здесь уже является общественная сила, кинобия (Kinobia, K). Наконец, следующий сегмент t_4S_4, охватывающий Вселенную, вбирает в себя все предыдущие силы, но главной является универсальная сила, космобия (Cosmobia, C)[1]. При этом надо иметь в виду, что онтобия не является суммой всех названных сил, поскольку каждая из сил определяет разнокачественные структуры материи, она, повторяю, абстракция, реализующаяся в конкретных силах (особенное), которые, в свою очередь, проявляются в силах индивидуальных субстанций (единичное), возвращаясь в себя самое, т.е. в онтобию. Это известная гегелевская триада: всеобщее — особенное — единичное[2].

Но онтобия не только источник движения материи, она одновременно определяет и направление движения, которое зависит от структуры материальной субстанции и тем самым придает ей то или иное качество. Само же качество определяется температурными параметрами и скоростью субстанции. Из этого следует, что все фундаментальные свойства мироздания: материя, движение, сила, пространство и время — все едины и одновременны.

---

1. Ее конкретным проявлением является расширение Вселенной благодаря, по моему предположению, еще не открытому кванту дэйону (противоположному кванту гравитону), скрывающемуся в пространстве темной материи или энергии. Подр. см.: *Бэттлер.* Диалектика силы, с. 104, 112–6.

2. В философской литературе редко можно найти рассуждения о многообразии проявления единой силы. Однако в литературе по физике об этом писалось нередко. Например, о работе Грова "Соотношение физических сил" Маркс писал: «Он (Гров) доказывает, что сила механического движения, теплота, свет, электричество, магнетизм и химические свойства являются, собственно, лишь *видоизменениями одной и той же силы, взаимно друг друга порождают, заменяют, переходят одно в другое* и т.д. (Курсив мой. — *А.Б.*). Он весьма искусно устраняет отвратительные физико-математические бредни, вроде "скрытой теплоты" (не хуже "невидимого света"), электрического "флюида" и тому подобных крайних средств, служащих для того, чтобы вовремя вставить словечко там, где не хватает мыслей». — *МЭ*, т. 30, с. 553.

Глава 1
Онтологическая сила, или онто́бия

Но поскольку сила направляет движение и определяет качество материи, она одновременно является количественным параметром, который можно оценивать в тех или иных единицах измерения. Количественно измеряя силу, мы как раз и определяем качество субстанции, а отсюда и ее местоположение и длительность существования. В принципе без возможности количественно измерять силу она была бы нам не нужна как научный инструмент познания; можно было бы обойтись простой констатацией наличия движения. Естественники и обществоведы не обращали внимания на философские дебаты вокруг силы именно потому, что философы-классики обходили этот вопрос. Но недостаточно утверждать, что сила является атрибутом материи, а «противоположности в ее источниках» вызывают движение материи. Главным достоинством этой категории является то, что она позволяет познавать законы бытия, т.е. *законы* силы, а в конечном счете предсказывать направления движения этого бытия. Например, говоря, что любому материальному объекту, скажем, какой-либо элементарной частице, присуща сила и поэтому она движется в пространстве и во времени, мы только утверждаем, что она движется. Гегель в «Феноменологии духа» писал: «*Простое* электричество есть *сила*, но выражение различия относится к *закону*; это различие есть положительное и отрицательное электричество»[1]. Другими словами, необходимо не только познать силу как категорию бытия, но важно познать силу как понятие, проявляющееся в его закономерностях. Только тогда появляется шанс не только прогнозировать это бытие, но и во многих случаях управлять им.

Теперь я хотел бы сформулировать категорию силы на языке диалектического материализма:

> ***Онто́бия, или онтологическая сила, есть философская категория для обозначения атрибута бытийной реальности, который выявляет ее сущность посредством движения, пространства и времени.***

---

1. *Гегель*. Феноменология духа, с. 82.

Иначе:

> ***Онто́бия — это такое свойство бытийной реальности, которое выявляет ее существование.***

Я сознательно употребил словосочетание «бытийная реальность», а не просто бытие, поскольку первое включает в себя не только объективный, но и субъективный мир, который является неотъемлемой частью мира общественного. В обществе же, как мы убедимся впоследствии, категория сила играет столь же атрибутивную роль, как и в природе.

* * *

В упомянутых моих работах было проанализировано проявление силы в неорганическом и органическом мирах, а также в сфере психологии. Здесь же необходимо выяснить, как сила работает в паре с такой категорией, как *прогресс*. О прогрессе придется поговорить значительно подробнее.

Глава 2

Прогресс

С категорией *сила* мне пришлось проделать ту же процедуру, что и с понятием *прогресс*, т.е. проанализировать представления различных ученых о прогрессе, которые существенно отличаются друг от друга. Это означает, что до сих пор «рассудочный разум» не проник в суть неких явлений, не «слился» с ними, т.е. не вывел их на понятийный уровень, что позволило бы сформулировать законы прогресса и силы. Думаю, это не случайно, поскольку поиск шел в ложных направлениях. Искали, как говорил Конфуций, в темной комнате черную кошку, которой там не было. Моя задача заключается в том, чтобы найти эти «комнаты», в которых прячутся прогресс и сила, именно на онтологическом уровне. Но для начала мне надо показать, в каких «комнатах» этих «кошек» не может быть в принципе. Одной из таких сфер является органический мир.

1. Органический мир: «прогресс» и усложнение

Присущ ли органическому миру прогресс? За редким исключением большинство ученых, причем разных научных школ и идеологических пристрастий, на этот вопрос отвечают утвердительно. Более того, они убеждены также, что прогресс не только имеет место, но и просто неизбежен. Если это так, то давайте разберемся, что такое прогресс в органическом мире.

Напоминаю, что слово *прогресс* в переводе с латыни означает *продвижение вперед*. Что значит вперед? В одной из биологических энциклопедий написано: «Прогресс в живой природе есть совершенствование и усложнение организмов в процессе эволюции»[1]. Поскольку такое определение слишком общо, советский биолог А.Н. Северцев (в 1925 г.) предложил различать биологический прогресс, который есть «результат успеха данной группы организмов в борьбе за существование, характеризующегося повышением численности особей данного таксона, расширением его ареала и распадением на подчиненные систематические группы, и морфофизиологический прогресс, который есть эволюция организмов по пути усложнения и совершенствования их организации» (там же). Заметим, что почти во всех определениях прогресса непременно встречается слово «сложность» в сочетании с «целенаправленностью». Последняя, естественно, как, например, у Дж. Хаксли, подразумевает эволюцию в направлении разумного существа. Из этого следует, что «прогрессивной» является только та ветвь эволюции, которая ведет к человеку.

Даже если согласиться с подобным суждением или в целом с идеей целенаправленности, то и в этом случае надо иметь в виду, что «прогрессивная ветвь» не могла возникнуть из ничего, в ходе эволюционной борьбы она выделилась из множества «не прогрессивных ветвей», а следовательно, все ветви участвовали в появлении человека. В результате получается, что вся эволюция органического мира есть прогресс. И мы таким образом скатываемся к теории *Предопределенности*, что как минимум очень и очень сомнительно.

А что такое *сложность* в биологическом мире? Действительно ли она неизбежна и действительно ли ведет к прогрессу? Тейяр де Шарден однозначно отвечал на этот вопрос: «Материя с самого начала по-своему подчиняется биологическому закону "усложнения"»[2]. Этой позиции придерживается немало ученых из

---

1. *Биологический энциклопедический словарь*, с. 507.

2. *Шарден*. Феномен человека, с. 49.

Глава 2
Прогресс

различных школ и лагерей. В таком случае возникает ряд вопросов, на которые сторонники «сложности» почему-то не отвечают. Например, как быть с материей во всей Вселенной, где не существует биологического мира? Это во-первых. Во-вторых, на нашей планете биологический мир возник только через полтора миллиарда лет после образования Земли. Почему же тогда «с самого начала»? В-третьих, нет никакой уверенности в том, что более сложному организму предопределен прогресс, т.е. движение вперед, или, иначе говоря, выживание. Динозавры очевидно сложнее бактерий (и вообще любая структура после бактерии), однако последние царствуют до сих пор и будут, видимо, царствовать до скончания Вселенной, а первые — «пусть земля им будет пухом». Это касается и других миллиардов организмов, существовавших на Земле и успешно ушедших в небытие. Более того, природа дает такие примеры, когда «излишняя» сложность оказывается вредной, а выживает наипростейший. Все это означает, что нельзя утверждать, будто сложные организмы лучше приспосабливаются к окружающей среде. Эту идею весьма упорно отстаивает известный и популярный английский биолог Ричард Доукин. Его термин *наилучше адаптирующийся организм* не имеет смысла без указания конкретной окружающей среды. В этом вопросе я полностью на стороне крупнейшего американского эволюциониста Дж. Гулда, который постоянно подчеркивал неправомерность использования термина *сложность*. Гулд воспринимал его как суррогат термина *прогресс*, который он считал «вредной» концепцией, основанной на идеологических предрассудках. Он, в частности, писал:

> Я верю, что серьезные ученые в области истории жизни всегда ощущали разочарование, не находя в останках органических веществ подтверждения наиболее желаемого ингредиента западной культуры: ясного сигнала прогресса, измеренного некой формой постоянно усложняющейся жизни как целостности[1].

---

1. Цит. по: *Davies*. The Fifth Miracle. The Search for the Origin of Life, p. 224.

В другом месте он пишет:

> Мы есть восхитительная случайность в непредсказуемом процессе без какой бы то ни было тенденции к сложности, без ожидаемого результата эволюции, которая была бы принципиально устремлена к созданию существа, способного понять суть его собственной необходимой конструкции (ibid, p. 225).

В своих работах Гулд на тысячах примерах показал, сколь случайно возникали те или иные сложные организмы в тех или иных звеньях эволюционного процесса органического мира, занимающие к тому же ничтожную часть этого мира на фоне доминирования «простых» организмов. Он яростно выступал против тезиса, что прогресс управляет эволюционным процессом. Не потому, что он был против прогресса, а потому, что понимание прогресса как сложности является субъективным отражением «обычных детерминистских моделей западной науки, а также глубоких социальных традиций и психологических ожиданий западной культуры в отношении истории, которая достигает своей кульминации в человеке как высшем выражении жизни»[1].

Между прочим, современные ученые не столь быстры на ответ о том, что такое прогресс или сложность. Американец Роджер Левин, пишущий о теории сложности (как науки), рассказывает, с каким трудом он пытался вытянуть определения *прогресса* и *сложности* у различных ученых. Обычно специалисты по информации все дело сводили именно к ней. В частности, Норман Паккард говорил: «Биологическая сложность должна обладать способностью обрабатывать информацию». В таком ключе ее определяли и авторы классического учебника по эволюции (1977) Т. Добжански, Фр. Эйла, Г.Л. Стеббинс и Дж. Валентин. А такой биолог, как Стюарт Кауфман из Пенсильванского университета заявил, что понятие *сложность* — довольно непростая штука и посоветовал Левину обратиться к специалисту по этой теме биологу из Мичиганского университета Дану Макшею (Dan McShea), который смог сообщить ему следующее:

---

[1]. *Gould.* — www.geocities.com

Глава 2
Прогресс

> Сложность — очень скользкое слово. Оно может означать много вещей... В наши дни для биологов не очень удобна идея прогресса, поскольку она предполагает внешнюю управляющую силу. Лучше говорить о сложности, но не о прогрессе (ibid., p. 133).

Правда, о сложности он так ничего внятного и не сказал. Эта проблема действительно не простая. Здесь мы вновь сталкиваемся с категориями объективности и субъективности, использование которых требует осознания сфер их применимости. Вселенная, органический мир существуют объективно, вне нашего сознания и воли. Им не присущи понятия *прогресс* или *сложность*; они существуют сами по себе, по своим природным законам. Первоначальная наша задача — вскрыть эти законы, а не навязывать их природе. Совершая последнее, мы просто обманываем сами себя: объективность не вскрыта, а субъективность оказалась «в дураках». Один из таких самообманов — стремление предписать целеполагание природе, изначальную цель Вселенной. Фактически мы таким образом постулируем объективно существующий детерминистский ряд: сложность – жизнь – мысль, или прогресс. Следует отметить, что против подобной конструкции выступает немало крупных ученых, среди которых, помимо упомянутых, например, биологи Дж. Симпсон, Эрнст Мэйр, физиохимик П. Эткинс и др. Любопытно, что даже И.С. Шкловский, один из ярых поборников и организаторов программы поиска внеземных цивилизаций — CETI (Communication Extraterrestrial Intelligence), глубоко веровавший в многочисленность разума во Вселенной, в конце концов вынужден был признать: «...совершенно необязательно, чтобы однажды возникшая на какой-нибудь планете жизнь на некотором этапе своей эволюции *стала разумной*»[1].

Но она все-таки стала разумной! И это факт, ставший реальностью в том числе благодаря усложнению природы. Да, и это тоже факт. И он никем не оспаривается. Возражение вызывает идея, что усложнение неизбежно ведет к разумной жизни. А это уже не факт. Более того, эта гипотеза опровергается множеством фактов

---

1. *Шкловский*. Вселенная, жизнь, разум, с. 158.

эволюционной реальности. Сама же сложность (или процесс усложнения) существует как объективная реальность, присущая бытию Вселенной. Некоторые ученые полагают даже, что есть законы сложности, создающие информацию или по крайней мере обособляющие ее от окружающей среды и вплетающие эту информацию в материальные структуры[1]. Причем эти законы также могут проявляться через *информационные силы*. К такому подходу склонялся и М. Эйген.

Но надо иметь в виду, что в самом процессе усложнения нет никакой мистики. Например, известны различные математические игры, некоторые из которых так и называются — *жизнь*. На основе определенных заданных правил происходит усложнение структуры системы. В этих моделях действительно отражаются процессы, происходящие в реальном мире. Но при этом необходимо иметь в виду следующее, о чем пишет английский физикохимик П. Эткинс:

> Общее глубокое свойство всех описанных игр состоит в том, что каждая из них обнаруживает такие важные атрибуты нашей Вселенной, как сложность, устойчивость, и кажущаяся целенаправленность есть следствие очень простых явлений, управляемых не слишком жесткой системой правил (законов)... В мире нет ничего более удивительного, чем сознание, разум человека; тем большее удивление вызывает то, что в своей глубинной основе оно обусловлено весьма простыми явлениями[2].

Из сказанного я хотел бы сделать некоторые предварительные выводы. Во-первых, сложность как явление бытия существует, но ее трансформация в органическую сложность явно ограничена небольшими островками Вселенной. Во-вторых, она не обязательно эволюционирует в разум. Последнее возможно при крайне благоприятном стечении обстоятельств, относящихся как к окружающей среде, так и к самому субъекту этой среды. В-третьих, я исхожу из того, что прогресса в органическом, равно как и в неорганическом мире, не существует. Он существует только там, где присутствует разум. Разум же присущ только человеку, единствен-

---

1. См.: *Davies*, р. 215.
2. *Эткинс*. Порядок и беспорядок в природе, с. 197.

Глава 2
Прогресс

ному явлению в природе, с которого начинается жизнь.

В упомянутой книге «Диалектика силы», в главке «Что такое жизнь и где ее начало?» мне пришлось доказывать, что органический мир не «живет»; он просто объективно существует. Эту главку я пропускаю, но вынужден все-таки воспроизвести в сокращенном варианте рассуждения о том, почему именно с человека начинается *жизнь*. Поскольку это понятие должно стать основным в определении прогресса.

2. Жизнь начинается с человека

Напомню, что очень многие ученые свойства жизни приписывают не только органическому миру, но и неорганическому, включая всю Вселенную. Проблема в том, что умозаключение «все есть жизнь» является пустым тождеством; оно означает отсутствие развития, т.е. смерть. Именно так. Поскольку жизнь и смерть не существуют друг без друга, мы вправе заявить, что все есть смерть, а это противоречит наблюдениям и нашей практике. Все эти философские выкрутасы мне были нужны только для того, чтобы еще раз подчеркнуть, что определение «всего» как жизни не плодотворно, оно тупиково и по форме, и по содержанию. А посему надо искать какие-то другие варианты разрешения проблемы жизни–нежизни. Скорее всего, они лежат не в той сфере, в какой ее решают ученые-естественники, некоторые из которых сами заподозрили что-то неладное в своих определениях жизни. Например, Э. Шредингер писал: «...мне представляется, что мнение, согласно которому фундаментальное отличие органического от неорганического заключено не в свойствах объекта, а в точке зрения субъекта, вполне заслуживает обдумывания»[1]. За полтора столетия до этого философ Ф. Шеллинг, тщательно «обдумав» эту проблему, заявил: «Понятие жизни *должно быть сконструировано*, т.е. оно *должно быть объяснено* в качестве явления природы»[2]. Естественно, что конструировать его может только человек.

И философствующий физик, и натурфилософ намекают на то, что определение жизни может быть дано только человеком. Следовательно, это понятие субъективно по определению в том смысле, что оно может отражать только самого человека. Проще:

---

1. *Шредингер.* Мое мировоззрение.
2. *Шеллинг*, т. 1, с. 122.

Глава 2
Прогресс

Вселенная со своими законами объективно существует вне зависимости от того, есть ли человек или его нет; определяет он ее в понятиях или еще в чем-то или нет. Вселенной на все это наплевать. Она не зависит от человека. А что касается жизни, здесь что-то иное: нет человека — нет жизни. Абсолютная взаимозависимость. Так ли это? Рассмотрим взгляды некоторых философов на этот счет.

Критерий жизни по В. Губину. На фоне подходов биологов и физиков к вопросу о критериях определения жизни, казалось бы, совершенно странно выглядят взгляды советского физика-теоретика В. Губина.

Для начала Губин обозначает «существующую грань», или критерий, каковой является «минимальная граница небезразличия» наблюдателя к явлению. Небезразличие — это когда от чего-то может быть хорошо, а от другого плохо. Далее он пишет:

> Так вот действительно существенная, критическая граница — наличие или отсутствие ощущения типа «хорошо–плохо». Наличие этого ощущения выделяет ощущающий объект из среды, ставит его к ней в особое отношение, отличное от «отношений» микроскопических взаимодействий. Без этого ощущения граница между ним и средой самостоятельно не возникает, и он попросту не существует как отдельный самостоятельный (сам по себе) объект[1].

Но такого типа ощущением обладает только один субстрат материи — человек. Иначе говоря, — жизнь начинается с человека. А как же бактерии, клетки, белки, растения и животные, которых чуть ли не все относят к живым организмам? Они просто не относятся к живому. Как так? Губин пишет:

> Но какая им разница, как их называть! Когда и поскольку у них нет ощущений типа «хорошо–плохо», тогда и постольку им безразлично не только как их называют, но и более сильные на них воздействия вплоть до полностью их уничтожающих — совершенно аналогично отношению ко всему этому каких-нибудь бесчувственных

---

1. *Губин.* Физические модели и реальность. Проблема согласования термодинамики и механики.

кристаллов. Гегель называл ощущение специфическим отличием, абсолютно отличительным признаком животного. Нам здесь этого критерия достаточно (там же).

В этой связи разговоры об «усложнении органического мира» и вообще всего внеобщественного очевидно бессмысленны. Губин опять же справедливо пишет:

> Но понятия «сложно» или «много» появляются только в связи с живым, с его отношением к объектам деятельности и к самой деятельности: мера имеет с этим непосредственную связь. Для неживой природы сложности не существует (так же, как и информации): она не мучается, стараясь что-то сделать, не радуется победам и не переживает, если не получается (там же).

Напомню: приблизительно так же Дарвин описывал борьбу в эволюционном мире. Почти теми же словами описывал этот мир и Гулд. Но Губин не случайно вспомнил Гегеля. То, что он описал, имеет прямое отношение к Гегелю, его взгляду на жизнь. Но для начала напомню позиции Аристотеля и Канта.

Душа Аристотеля. Для великого грека разделительной чертой между живым и неживым являлась душа, которая, в свою очередь, есть «первая энтелехия[1] естественного тела, обладающего в возможности жизнью»[2]. В духе материалистической диалектики Аристотель объясняет взаимоотношения между энтелехией, душой и телом. Он пишет:

> Так как одушевленное существо состоит из материи и формы, то не тело есть энтелехия души, а душа есть энтелехия некоторого тела. Поэтому правы те, кто полагает, что душа не может существовать без тела и не есть какое-либо тело (там же, с. 398–9).

Именно в таком же ключе Губин объясняет «идеальные ощущения» в их отношениях с материей/телом. В таком же ключе диалектический материализм толкует и взаимоотношения между мозгом и мыслью.

---

1. Слово *энтелехия* в те времена означало силу.
2. *Аристотель.* Метафизика. В: Аристотель. Сочинения, т. 1, с. 395.

Глава 2
Прогресс

Исходя из таких критериев, кого же Аристотель относит к «живому»? Читаем:

> Но о жизни говорится в разных значениях, и мы утверждаем, что нечто живет и тогда, когда у него наличествует хотя бы один из следующих признаков: ум, ощущение, движение и покой в пространстве, а также движение в смысле питания, упадка и роста (с. 396).

Наличие указанных признаков позволило Аристотелю весь органический мир, известный на то время, т.е. растения и животных, отнести к «живому». Можно с этим соглашаться или не соглашаться, но стоит обратить внимание на то, что Аристотель для различения живого и неживого вводит действительно качественную категорию — *душа*, трактуя ее, между прочим, вполне материалистически. Другое дело, что в его времена считалось, будто растительный и животный миры обладают душой (правда, и в наши времена есть немало мистиков, которые продолжают верить в эти древние представления). Но если мы встанем на позиции науки, которая нас заставит исключить душу у растений и животных, тогда мы вынуждены будем признать, что жизнь начинается с человека, единственного существа, осознающего понятие души посредством своего сознания.

Жизнь по Канту. В одной из работ Канта[1] есть небольшой, но очень важный кусочек, посвященный «жизни». Привожу его полностью:

> Инерция материи есть и означает не что иное, как *безжизненность* материи самой по себе. Жизнь означает способность *субстанции* определять себя к деятельности, исходя из *внутреннего принципа*, способность *конечной субстанции* определять себя к изменению и способность *материальной субстанции* определять себя к движению или покою как перемене своего состояния. Но мы не знаем никакого другого внутреннего принципа субстанции, который побуждал бы ее изменить свое состояние, кроме желания, и вообще никакой другой внутренней деятельности, кроме мышления, связанного с зависящими от него *чувством* удовольствия или

---

1. *Кант.* Метафизические начала естествознания, т. 4.

> неудовольствия и *вожделением* (Begierde) или волей. Эти определяющие основания и деятельность не относятся, однако, к представлениям внешних чувств, а следовательно, не относятся и к определениям материи как материи. Стало быть, всякая материя, как таковая, (с. 346).

Весь этот отрывок состоит из понятийных терминов: *желание, мышление, чувство, вожделение* и *воля*. В конечном счете только то, что обладает названными качествами, может подпадать под понятие *жизнь*. Мы вновь возвращаемся к самосознанию. И неслучайно эту идею диалектично развил Гегель.

«Жизнь» по Гегелю. У Гегеля мы вновь попадаем в объятия души и тела. Он настаивает на четком различении *идеи, понятия, реальности*. Вот его рассуждения:

> Такие целостности, как государство, церковь перестают существовать, когда разрушается единство их понятия и их реальности; человек (и живое вообще) мертв, когда в нем отделяются друг от друга душа и тело. Мертвая природа — механический и химический мир (если под мертвым понимают именно неорганический мир, иначе оно не имело бы никакого положительного значения), мертвая природа, если ее разделяют на ее понятие и на ее реальность, есть не более как субъективная абстракция мыслимой формы и бесформенной материи. Дух, который не был бы идеей, единством самого понятия с собой, понятием, имеющим своей реальностью само понятие, был бы мертвым духом, лишенным духа, материальным объектом[1].

Но надо не просто различать *понятие* и *реальность*, но понимать смысл *субъективности* и *объективности* понятия *жизнь*, что жизнь как субъективное понятие не совпадает с ее внутренним бытием. Если упускать из виду эти различения, тогда научный анализ превращается в пустопорожнюю болтовню.

Итак, что такое жизнь? Гегель отвечает:

> Понятие жизни или всеобщая жизнь есть непосредственная идея, понятие, которому соответствует его объективность (с. 700).

---

1. *Гегель*. Наука логики, с. 693.

Глава 2
Прогресс

Поскольку жизнь есть идея, или понятие, постольку жизнь может определяться только тем, кто формулирует это понятие, или идею. Следовательно, нужен этот надоевший Наблюдатель, т.е. человек, а по Гегелю, «живой индивид». А живой индивид есть

> во-первых, жизнь как *душа*, как понятие самого себя, совершенно определенное внутри себя, как начинающий самодвижущий *принцип*. Понятие содержит в своей простоте заключенную внутри себя определенную уже внешность как простой момент. — Но, далее, *в своей непосредственности* эта душа непосредственно внешняя и в самой себе обладает объективным бытием; эта подчиненная цели реальность, непосредственное *средство*, прежде всего объективность, как *предикат* субъекта; но эта объективность есть, далее, также и *средний член* умозаключения; телесность души есть то, посредством чего она связывает себя с внешней объективностью. Живое обладает телесностью прежде всего как реальность, непосредственно тождественная с понятием; как реальность оно вообще обладает этой телесностью от *природы* (с. 701).

Из этой головоломки вытекает, что понятие *жизни* объективно, ее источник — природа. Но чтобы выделить себя из безразличного бытия природы, живой индивид должен обладать потребностью ощущать себя по отношению к «безразличной объективности». Эта потребность разворачивается через различного рода противоречия, в которых возникают такие явления, как *хорошо, чувство, боль* и т.д. Кстати, «боль есть преимущество живых существ», именно в боли, испытываемой живым существом, скорее, обнаруживается действительное существование.

В «Феноменологии духа» в довольно сложной форме Гегель рассуждает о жизни через категорию самосознания. Именно оно

> различает от себя как *сущее*, содержит в себе также, поскольку оно установлено как сущее, не только способ чувственной достоверности и восприятия, но оно есть рефлектированное в себя бытие, и предмет непосредственного вожделения есть нечто *живое*[1].

---

1. *Гегель*. Феноменология духа, с. 94–5.

Вообще-то Гегеля трудно пересказывать, его можно только изучать. Тем не менее из его рассуждений напрашиваются следующие выводы.

Жизнь есть понятие, а понятие может сформулировать только самосознание, каковым обладает только человек. В то же время жизнь есть объективность, реальное бытие, но такое бытие, которое отличает себя от «безразличной объективности» посредством рефлексии в понятии, а последнее образуется в единстве души и тела и проявляет себя через ощущения «хорошо-плохо», боль, вожделение и т.д. Все вкупе — опять же человек. В результате мы получаем, что жизнь в ее истинном значении начинается и заканчивается в человеке, а ее разделительной гранью является, по Аристотелю, душа/энтелехия, по Канту и Гегелю — самосознание, по Губину — ощущения «хорошо–плохо».

Таким образом, самым простым определением жизни является: *жизнь — это человек*. Или иначе:

Жизнь — это такая форма организованной материи, которая осознает свою отделенность от окружающего мира и способна сознательно оказывать воздействие на этот мир.

Такое определение решает многие предыдущие проблемы: прогресса, сложности, целенаправленности и т.д. Известно выражение Энгельса: жизнь — это смерть. Говоря это, он имел в виду органическую природу, которая безоговорочно подчинена своим законам, в том числе и Второму закону термодинамики. Из моего определения вытекает другое следствие:

Жизнь — это постоянная борьба со смертью[1].

---

1. Уже после того, как были написаны эти строки, я встретил похожее утверждение в книге одного из крупнейших русских экономистов Ю.М. Осипова: «Жить — значит противостоять, противостоять —

Глава 2
Прогресс

То есть — борьба против закона возрастания энтропии. Для органического мира «борьба» не имеет смысла, поскольку она неразрывно связана с такими понятиями, как *воля, цель* и *средства*. В органическом мире происходит не борьба, а адаптация, именно естественный, а не искусственный (т.е. со смыслом) отбор. Дарвин совершенно верно определил словосочетание для своей теории эволюции.

Конечно, человек остается частью природы, по крайней мере его тело, которое подчинено законам органического мира. Но головой, т.е. сознанием и мышлением, он уже в другом мире — мире общественном. Соединение души и тела привело к возникновению человека, новой целостности во Вселенной. Человек выделился из органического мира, но как целостность перестал быть его частью, хотя и состоит из элементов этого мира (белки, хромосомы и пр.). Человек создал другой мир — общественный, качественно отличающийся от органического мира. Точно так же и сам органический мир, вылупившийся из неорганического, является качественно иным миром, хотя состоит из его элементов (элементарные частицы, атомы, молекулы и т.д.). Все это значит, что в органическом мире жизни нет, и поэтому название науки, предложенное Жан Батистом Ламарком в 1802 г., — биология — в свете изложенного является неверным. Эта наука должна называться наукой об органическом мире, т.е. *оргалогией* (не путать с органологией — наукой об органах, которая уже существует). Отсюда — *оргагенез* (происхождение органического мира) и *оргáбия* — органическая сила.

Таким образом, из вышеизложенного вытекают следующие выводы. Органический и неорганический миры есть «мертвая природа», к которой неприменимо понятие «жизнь»[1]. В ней нет

значит жить! Жизнь — борьба с нежизнью!» См.: *Осипов*. Опыт философии хозяйства, с. 41.
1. Поэтому разговоры о том, что на Марсе или где-то еще обнаружили жизнь в виде некоего органического вещества являются не более чем пустой болтовней, не имеющей отношения к науке.

прогресса, а есть вечное движение на основе законов этих миров. Жизнь начинается с человека, следовательно, и прогресс необходимо увязывать с общественным бытием человека. Однако бытие человека весьма разнообразно. Надо найти главное в человеческом бытии, т.е. его стратегическую цель, к которой бы стремился весь человеческий род и каждый индивидуум в отдельности.

3. Сила и прогресс

Американский социолог Роберт Нисбет в своей классической книге по истории прогресса понятие сила приписал Руссо, Сен-Симону, Конту, Марксу, т.е. тем мыслителям, которые, дескать, под прогрессом понимали силу, в его интерпретации совпадавшую с понятием *власти*[1]. Не вообще власти, а неких форм диктаторской или авторитарной власти. Непосредственно к прогрессу тип власти, безусловно, имеет отношение, но весьма далекое и опосредованное. Но это социология. Здесь же речь идет об онтологии.

Понятие *сила* действительно имеет непосредственное отношение к прогрессу. Весь вопрос заключается только в том, *что это за сила*, в чем она проявляется, как ее вычленить из сил природы? В контексте прогресса об этом никто не писал, вследствие чего суть прогресса так и не была понята. И не будет понята никогда, пока мы не разберемся, что такое сила в обществе.

Среди фундаментальных категорий бытия обычно называют *материю, движение, пространство и время*. Как фундаментальную категорию я рассматриваю также **онто́бию**, или *онтологическую силу* как пятую категорию атрибута бытия, которая определяет его существование посредством движения, пространства и времени[2]. Из этого вытекает, что все материальное пространство обладает силой. В принципе в таком суждении нет ничего особенного. Особенное появляется в другом утверждении: если пространство и время указывают на направленность движения материи, то сила через движение определяет формы и состояния материи в многообразной структуре Вселенной. Причем эти состояния материи обнаруживаются через различные виды сил, которые раскрывают

---

1. *Nisbet.* History of the Idea of Progress, p. 237–66.
2. *Алекс Бэттлер.* Диалектика силы.

себя в законах силы. Повторюсь: в микро- и макромире сила является в виде *фибии* (fybia) (проявляющейся через известные четыре вида физических сил), в мегамире (во Вселенной) — в виде *космо́бии* (cosmobia), в органическом мире — в виде *орга́бии* (orgabia). В какой-то форме она должна проявиться и в индивидуальном сознании, а также в общественном мире, что еще и предстоит определить. Это означает, что сила многолика; опознать ее лик — значит, сформулировать закон ее функционирования в той или иной структуре материального и идеального бытия.

Прежде чем выяснить, какая сила определяет общественное развитие и движет прогресс, нужно сначала разобраться с некоторыми явлениями, которые на первый взгляд не относятся ни к силе, ни к прогрессу, хотя на самом деле без них не существует ни того ни другого.

Философские аспекты сознания и мысли

Жизнь начинается с человека именно потому, что человек — это единственное явление во Вселенной, которое начало мыслить, т.е. выделять себя из окружающей среды. Именно мышление и есть свойство человека, отличающее его от всего остального мира, включая мир животных. Человек есть мышление в себе, т.е. в его теле, поскольку мышление отличается от его бытия как физического тела и его природной чувственности, которыми он связан с окружающим миром. Но мышление есть и в нем, поскольку сам человек есть мышление. Оно такой же атрибут человека, каким движение и сила являются для материи. Нет мышления — нет человека. Другими словами, мышление имеется в его наличном бытии, а его наличное бытие — в мышлении. И в этом суть определения человека. Напомню Гегеля: «Мыслящий разум — вот *определение человека*»[1].

---

1. *Гегель.* Наука логики, с. 106.

Глава 2
Прогресс

Детально разобранные в книге «Диалектика силы» взгляды различных ученых, анализирующих сознание в рамках дихотомии «разум – тело», неизбежно ведут их в тупик: они никогда не смогут решить «загадку» сознания вне его носителя — человека, точнее, человека мыслящего (хотя *не мыслящего* человека не существует; похожее на него существо — это всего лишь биовид из породы гомо эрэктус). Именно мысль — это та самая черта, которая отделяет мир человека от остального мира. Пьер Тейяр де Шарден в некоторой степени был прав, когда писал: «Возникновение мысли представляет собой порог, который должен быть перейден одним шагом... Мы переходим на совершенно новый биологический уровень»[1].

Я сказал «в некоторой степени», имея в виду, что возникновение мысли произошло «не одним шагом». Размер «шага» в рамках Вселенной — около 14 млрд лет, в рамках Земли — 4,4 млрд, после возникновения органического мира — 3,4 млрд лет, наконец, внутри животного мира — около 800 млн, а переход от обезьяноподобных к человеку длился 2–3 млн лет. И последний этап никто лучше не описал, чем Дарвин в рамках своей теории эволюции и Энгельс в работе «Роль труда в процессе превращения обезьяны в человека». Они объяснили, как происходил этот процесс и почему человек «задумался» («замыслил»).

Одна из причин хождения по кругу темы «разум – тело» современными западными учеными, на мой взгляд, заключается в том, что они не знакомы с теорией отражения — важнейшей составляющей диалектического материализма. Это проявляется хотя бы в том, что «материалисты», по их мнению, игнорируют или вообще не признают мысли и сознания как объективной реальности. На самом деле это не так. Достаточно сослаться на В.И. Ленина, который писал:

> Что мысль и материя «действительны», т.е. существуют, — это верно. Но назвать мысль материальной — значит сделать ошибочный шаг к смешению материализма с идеализмом[2].

---

1. *Шарден*, с. 141.
2. *Ленин*. ПСС, т. 18, с. 257.

Диалектический материализм не отрицает существования мысли, сознания и других идеальных представлений как реальности, но реальности, существующей не объективно, а субъективно, т.е. отраженной в мышлении человека. Само мышление есть процесс отражения объективной реальности в умозаключениях, понятиях, теориях и т.п. Отражение это не есть отождествление, скажем, материи и духа или тела и разума, что ведет к «овеществлению» идеального и его субстанциализации. Это и есть вульгарный материализм, ныне широко представленный в физикализме, против чего как раз и боролись классики марксизма.

Феномены сознания, мысли — суть субъективные реальности, отразившие в себе реальности объективные. На философском языке определение сознания звучало бы так: *сознание* — это свойственная только человеку способность субъективного отражения объективного мира. *Мышление* — свойственная только человеку способность познавать и преобразовывать окружающий мир в соответствии со своими задачами и целями.

Проблема обычно заключается в том, чтобы выявить, каким образом (как?) происходит отражение объективности. Механизм отражения в процессе человеческого познания описан многими философами, но наиболее глубоко — Гегелем. Я было намеревался кратко изложить его здесь, но, к счастью, у меня под рукой оказалась книга, в одной из глав которой менее чем на одной страничке описано то, на что у меня ушло бы более пяти страниц. Чтобы сэкономить время и пространство, прибегну к объяснению авторов этой странички, тем более что они это делают на примерах теории информации, которая так или иначе все равно нам понадобится в последующем. Авторами этой главы являются советские ученые Д.И. Дубровский и А.Д. Урсул.

Они четко оговаривают различия понятий *информация* и *сигнал*: последнее включает вещественно-энергетические характеристики, первое — свободно от них. Очевидно, что информации не существует отдельно от сигнала, она воплощена в его материальной структуре. В то же время она не зависит от конкретных физических свойств носителя, поэтому в определенной степени она инвариантна по отношению к форме сигнала. Это крайне важно для понимания природы идеального. А теперь слово авторам.

> Рассмотрим какой-либо сравнительно простой случай психического отображения. Пусть индивид зрительно воспринимает в достаточно малый отрезок времени некоторый объект A; это значит, что индивид переживает образ объекта A (обозначим указанный субъективный образ через a). В тот же отрезок времени в головном мозгу индивида возникает определенный нейродинамический процесс (определенная нейродинамическая структура), порождаемый действием объекта A и ответственный за переживаемый индивидом образ A (обозначим этот нейродинамический эквивалент образа через x). Естественно считать, что субъективный образ и его нейродинамический носитель (a и x) суть явления *одновременные и однопричинные*. Тем не менее эти явления следует различать: a есть явление идеальное, т.е. субъективная реальность (оно не может быть названо материальным, поскольку не существует в виде объективной реальности, доступной внешнему наблюдателю), x есть материальный процесс, происходящий в головном мозгу; x не является психическим, идеальным образом объекта A, а есть *кодовое* отображение объекта A. И этот нейродинамический код, существующий в головном мозгу данной личности, переживается ею именно как образ: подвергается, так сказать, психическому декодированию.
>
> Отношение между a и x можно считать частным случаем отношения между информацией как содержанием и сигналом как его формой; a — информация, полученная личностью об объекте A; x — материальный, нейродинамический носитель этой информации, сигнал. Однако личности как целостной самоорганизующейся системе непосредственно в ее внутреннем мире «дана» только информация, в то время как ее нейродинамический носитель (сигнал) глубоко скрыт от нее (я не знаю, что происходит в моем мозгу, когда я вижу объект A, переживаю образ объекта A)[1].

В этом пассаже, по-моему, доступно разъяснен механизм отражения объективного (сигнал) в субъективном (информация). Может возникнуть вопрос: почему некий сигнал информационно отражается в виде, скажем, образа человека или стола, или некоего качества: красное, теплое, круглое. То есть нейродинамическими кодами с различным содержанием.

---

1. Цит. по: *Управление*, информация, интеллект, с. 234–5.

Этот вопрос относится к эволюции человека, к его 2–3-миллионнолетнему прошлому. Когда говорят, что человек — это мыслящий разум, естественно, надо иметь в виду, что таким он стал благодаря развитию общественных отношений с непременным атрибутом речи. Без речи нет мысли, без мысли нет человека, а то и другое и третье невозможны без общества. Все едино, но это единство достигается в течение длительного эволюционно-революционного периода. Именно в течение этого периода и формировались постепенно различные сигналы в виде определенных физико-химических структур в недрах мозга, закрепляясь в памяти мозга. Не исключаю, что на каждое слово могло уйти по нескольку тысяч лет. И так слово за словом, предложение за предложением, понятие за понятием.

А теперь пора от общих философских рассуждений перейти к анализу образования структуры функционирования человека как мыслящего существа.

Сознание + мысль = разум

Из работ нейропсихологов известно, что в мозге любого животного существуют зоны, отвечающие за биологическое воспроизводство вида. Например, в мозге обезьяны и человека существуют определенные центры (сгустки нервных клеток, или нейронов), отвечающие за выполнение функций воспроизводства, движения, кровообращения, питания, зрения и т.д. Они функционируют бессознательно, по своим биофизическим и биохимическим законам. Но в мозге человека появляется специфика: наряду с подсознательными зонами формируются зоны (или зона) сознания. Причем в общем балансе мозговых информационных процессов подсознательное играет чрезвычайно существенную роль: на этом уровне перерабатывается в секунду 10^9 бит информации, в то время как на сознательном — только 10^2 бит (там же, с. 237).

Глава 2
Прогресс

Процесс познания человека начинается с *ощущений*, в которых отражается объективная реальность в виде образов этой реальности. Вопрос в том, как в дальнейшем происходит преобразование этих ощущений-образов? Или как происходит «превращение энергии внешнего раздражения в факт сознания»?

Для этого необходимо раскрыть психофизические и нейродинамические процессы работы человеческого мозга в понятиях психологии.

Итак, первый этап взаимодействия с внешним миром порождает ощущения. Ощущения осознаются через отражение. Важно при этом отметить, что процесс отражения происходит не мгновенно; он требует некоторого времени, которое зависит от качества раздражителя (в среднем от 1/5 сек. до секунды)[1]. Сознание — это такая психологическая категория, которая выражает способность человеческого мозга воспринять внешний импульс (раздражитель) и закодировать его в нервных клетках в форме особых физико-химических структур[2]. Схема следующая: импульс – образ – структура, или материальное-1 – идеальное – материальное-2 (поскольку структура — это физико-химическая комбинация в нерве)[3]. Ни один из трех членов цепи не тождествен другому, но все они есть различные формы одного и того же объекта реальности, будь он физический или идеальный. Могут задать вопрос: допустим, это верно в отношении физического объекта или раздражителя (свет, тепло, цвет, форма), а как быть с нефизическими объектами, например, со словом (которое убивает или вдохновляет)? Именно на этом вопросе и

---

1. Подр. см.: *Carter*. Consciousness, p. 25–9; а также: *Пенроуз*. Новый ум короля, с. 354–7.

2. Хочу обратить внимание читателя на то, что математики и кибернетики, за редким исключением, не разделяют понятия сознание и мышление, для них они синонимы.

3. Я не исключаю, что по мере проникновения в глубь темной материи и энергии, о которых пока почти ничего не известно, кроме их возможного существования, «идеальные» явления в представленной цепочке могут приобрести «материальную» суть. Не утверждаю, а предполагаю.

«засыпаются» многие ученые, занимающиеся проблемой сознания. На самом деле ответ достаточно прост. Дело в том, что любое слово (равно как и любая абстракция), прежде чем превратиться в абстракцию с четким значением, бесконечное число раз прошло через голову (мозг) человека, через вышеприведенную трехчленную трансформацию, пока не приобрело *значимую* реальность для человека. Все первоначальные абстракции, включая понятия числа, геометрической точки, линии и фигуры, а также язык родились от конкретных вещей. Любое слово, понятие или суждение начинали свою «жизнь» с первичных материальных явлений, которые они стали обозначать, а затем отражаться в мозгу. Достаточно вспомнить, как воспитываются дети[1].

Итак, сознание закодировало некую информацию на своих нейронных «платах». Но это не просто информация типа да/нет, а информация, исходящая от конкретных источников, т.е. от той или иной части бытийной реальности. Такую информацию я называю *знанием*. Когда мы отдергиваем руку от горячего предмета, это просто реакция боли на ощущение. Но когда мы связываем температуру с конкретным предметом, это уже знание, которое возникло в результате переработки ощущения. Таким образом, эта информация — закодированное в сознании знание. Иначе говоря, внешний импульс, претерпев определенную трансформацию, принял облик знания.

Знания переходят в блоки памяти, причем текущая информация, как установлено нейрофизиологами, оседает в таламусе, а долгосрочная — в той части коры головного мозга, которая называется гиппокамп. Другими словами, память — это хранилище знаний, закодированных в ядрах нервных клеток.

Часто сравнивают человеческую память с блоками памяти компьютера. Однако между ними, несмотря на некоторое сходство,

---

1. На основе большого количества фактического материала французский этнолог Леви-Брюль показал эволюцию процесса развития мышления у сохранившихся первобытных людей. См.: *Леви-Брюль.* Первобытное мышление.

Глава 2
Прогресс

есть громадная разница. Человеческая память хранит не просто информацию, скажем, известную формулу, в виде простых битов, а информацию, связанную или с ее источником, или с его содержанием. Создать искусственный интеллект, адекватный человеческому мозгу, можно только в том случае, если будет воссоздан искусственный человек со всеми атрибутами биосоциального человека, поскольку искусственный интеллект, адекватный человеческому, должен обладать не только ощущениями (обоняние, вкус, зрение и т.д.), но и такой уникальной вещью, как мысль.

Далее очень важный этап: восхождение сознания к мышлению. Исторически сознание предшествует мышлению[1]: переход к нему должен осуществляться скачком (в философском смысле). И он был осуществлен благодаря речи. Видимо, это произошло в период перехода от Homo erectus (1,6 млн лет назад) к Homo sapiens (около 200 тыс. лет назад), т.е. тогда, когда мозг человека скачкообразно увеличился почти на 50% в связи с резким увеличением числа нейронов и дендритов. Появился «мыслящий разум». С этого этапа и начинается подлинный человек.

Сознание пассивно: оно отражает и накапливает закодированные знания. Мышление активно, оно занимается раскодированием знаний для последующих действий. Мышление переводит знания в некую логическую цепь, состоящую из слов (символов), теорий, концепций, понятий и категорий. Иначе говоря, ему необходимо третью часть трехзвенной цепи (закодированную в нервной клетке структуру) вновь превратить в идеальное, которое преобразовывается в действие.

Что это означает? *Мышление* — это процесс перевода физико-химической комбинации структуры (нервной клетки) в идеальное. В силу этого он (процесс) должен быть дискретным. Эта дискретность воплощается в мысли, которая в грубом приближении функционирует подобно свету (волнообразность и дискретность).

---

1. На это обращает внимание и Пенроуз. «На мой взгляд, — пишет он, — вопрос об интеллекте является вторичным по отношению к вопросу о феномене сознания». — *Пенроуз.* Новый ум короля, с. 329.

Мысль — это своеобразный квант действия, характеризующий дискретность мышления. Механизм его работы следующий: мысль извлекает закодированную информацию-знание, декодирует ее в форме идеальной абстракции (видимо, именно на этом этапе в свои права вступает речь), которая уже в новом качестве возвращается в свою материальную структуру (в некую специальную клетку нейрона) с программой действовать. Формально мысль не подчиняется закону сохранения энергии в отличие, скажем, от фотона или кванта энергии на второй стадии, т.е. на стадии идеального. Но поскольку идеальное является отражением материального (в данном случае материальных физико-химических структур в нейронах), то без материального носителя, иначе говоря, без «отражателя», мысль просто не существует, и потому она, как и все отраженное, подчиняется всем фундаментальным законам природы. Для наглядности мысль можно сравнить в некоторой степени с фейерверком. Так же как и фейерверк, мысль имеет источник своего «огня». При горении фейерверк может изобразить не только фигуру, но и какое-либо слово. Но отличие заключается в том, что после вспышки фейерверка «слово» распадается на сгоревшие частицы, а у мысли это «слово» как раз запоминается в своем конкретном значении, возвращаясь на определенную нейронную «плату».

Дискретный поток мыслей как раз и есть процесс мышления, т.е. множество квантов действия, постоянно осуществляющих прыжки из материального в идеальное, и наоборот, которые и возбуждают взаимодействие между ядерными нервными клетками, создающими электрохимические реакции в мозге.

В такой интерпретации работы механизма мозга нетрудно ответить на постоянно возникающий вопрос: как нематериальная мысль может оказывать воздействие на «тело»? Но ведь это действительно факт. И каждый может испытать это. Достаточно прочитать любые полстранички текста из гегелевской «Науки логики», чтобы почувствовать, как у вас «загудел» мозг и «взмокло» тело. Повторяю: мысль — это сконцентрированное мышление, порождающее идеальный образ, который возвращается в свою материальную оболочку (в некую нервную клетку, а может быть, еще глубже) в виде запомненной смысловой структуры, которая и заставляет работать «тело» по программе нового содержания. Идеальное становится материальным. На нейрофизиологическом уровне эта новая смысловая структура изменяет пространственно-временную активность нейронных связей, видимо, в районе церебрального участка мозга, в результате чего мы и ощущаем «гудение мозга». Образно говоря, мысль разговаривает и приказывает.

Еще раз: функция сознания — отразить внешний мир, функция мысли — опираясь на сознание, воздействовать на этот внешний мир. Сочетание же сознания и мысли и есть *разум*. То, чего нет ни у кого, кроме человека.

Итак, переходим к следующему этапу развертывания мышления. Оно порождает *дух* (spirit). Если отбросить мистические интерпретации духа, то его можно обозначить как энергию человека, направленную на решение той или иной задачи. Этот процесс преобразует дух в *волю*. Эти термины почти синонимы, однако есть различия. Дух — это, скорее, идея целенаправленного действия, понятие *дух* почти равно понятию *решимость*. Воля — тот же дух, но уже в действии, причем, подчеркиваю, действии направленном, целеустремленном. Как писал Лейбниц, «воля есть осознанное стремление к действию»[1]. Другими словами, воля преобразуется в целенаправленное действие.

Дух и воля — психические состояния, т.е. в их организации значительно большую роль играют психические, эмоциональные процессы, нежели рациональные. С физиологической точки зрения это означает, что в этих процессах участвуют различные участки коры головного мозга. Но я не исключаю, что взаимодействие воли и духа происходит на ее определенном «волевом» участке, оказывающем обратное нейрофизиологическое влияние на мыслительный процесс. Надо также иметь в виду, что дух и воля возникают не у каждого человека, а только у тех, кто ставит цели и задачи, выходящие за пределы простого выживания или простого биологического воспроизводства.

---

1. *Лейбниц*, т. 1, с. 307.

Душа? Она действительно существует как выражение взаимодействия подсознания со всеми теми компонентами мозга, которые отвечают за неконтролируемое функционирование человеческого организма (гормоны роста, развития, слух, зрение и пр.). Общее состояние работы всего организма порождает состояние души. Душа — это тоже явление психики. Чтобы было нагляднее: цель — это точка, дух (воля) — это линия, душа — это плоскость (гиперплоскость). Движение точки дает линию, движение линии дает плоскость.

Различия между духом и душой, помимо названных, заключаются в том, что дух в большей степени зависит непосредственно от мышления и более тесно привязан к мысли, в то время как душа в большей степени зависит от неконтролируемых сознанием органов мозга, отвечающих, например, за работу сердца, печени и пр. Именно состояние души формирует человеческие типы по психологическим свойствам (холерики, сангвиники, флегматики и меланхолики).

Между прочим, на неотделимость души от тела указывал еще Б. Спиноза, который в своей «Этике» писал: «Душа может воображать и вспоминать о вещах прошедших, только пока продолжает существовать ее тело»[1]. Точно так же он справедливо доказывал, что при распаде тела (смерти) исчезает и душа. В то время как дух вечен[2]. И это действительно так, если иметь в виду, что в духе через цепочку сознание - мышление - мысль благодаря человеческой деятельности передаются знания, оседающие в хранилищах общечеловеческой памяти.

Необходимо иметь в виду, что выделение различных этапов движения сознания и мысли — это фиксация работы мозга в абстрактных понятиях, отражающих реальный мир. Как на уровне

---

1. *Спиноза*, т. 1, с. 604.
2. Несколько в ином ключе трактовка души, которая формируется именно в мозге, дается самым бесстрашным материалистом и атеистом XVII в. Ламетри в его знаменитом «Трактате о душе». Кстати сказать, ныне он рассматривается как «пионер научной психологии».

явлений (вещи вовне), так и на уровне бытия (вещи в себе) все они взаимосвязаны и взаимопричинны и по горизонтали, и по вертикали. На бытийном уровне все звенья представленной цепочки имеют пространственно-временную протяженность, за исключением мысли, у которой нет ни времени, ни пространства. Напоминаю, мысль — это квант, импульс. Мысль, несмотря на историческую продолжительность своего развития, появилась в конце концов в виде скачка, скачка в гегелевском смысле — как переход количества в качество. Какая конкретная структура материи (биохимическая реакция) ее породила, пока неизвестно, но важно то, что она возникла. Это был переход от биогенеза к психогенезу, т.е. скачок от животного мира к миру человека. Именно поэтому: я мыслю, следовательно, я человек!

Мысль и знания

Наконец, мы подошли к главному — к силе. В чем же сила человека? Или по-другому: чем сила человека отличается от других сил природы? В чем измеряется сила человека?

Из вышесказанного можно было бы предположить, что именно мысль и есть сила человека, поскольку она отделяет его от остального мира. Но дело в том, что *мысль* есть абстракция, свойство или функция человеческого мышления. И хотя в философской части я определял силу как атрибут бытия, которое состоит в том числе из идеальной реальности, но само движение силы по природе должно иметь материальную субстанцию. Помимо своей атрибутивности, имплицитности сила «любит» проявлять себя через законы. Мысль сама по себе как отражение недостаточна для определения силы человека.

Выше утверждалось, что мысль — это квант действия, импульс. Но в предыдущем контексте эти обозначения носили метафорический характер, иначе мы попали бы в объятия физики или, еще хуже, «квантового сознания», против которого я выступаю решительно. Мысль, повторюсь, это отражение, нечто идеальное, следовательно, она от чего-то должна отразиться. Естественно, этим «нечто» является информация, которая стекается в лоно сознания и подсознания. Первичная информация — то, что воспринимается через ощущения, — может быть рассмотрена как статистическая группа знаков в шенноновском смысле, т.е. без семантического содержания. Это та самая информация, которая попадает в блок подсознания (10^9 бит) и только ее малая часть в блок сознания (10^2 бит). Это своего рода склад необработанного сырья. Обработка этой информации в первом блоке на уровне подсознания обслуживает нашу биофизиологию. Второй блок — сознание — тесно связан с мышлением, где вступает в свои права мысль. Ее функция — распознать, отобрать, раскодировать и в конечном счете перевести статистическую информацию в знания (эта процедура означает объединение синтаксических, семантических и сигматических аспектов в синтезированные знания[1]). Между прочим, психологи-экспериментаторы утверждают, что существует определенная зона коры головного мозга, где происходят процессы именно мышления для обработки абстрактной информации. Доктор Джон Скойлис называет это место предлобной долей (the prefrontal cortex), которая отличается от других частей мозга тем, что, с одной стороны, она отделена от внешнего прямого воздействия, с другой — связана со всеми внутренними источниками хранения информации. Но самое главное — эта зона исторически развилась позже других частей мозга[2]. Как бы то ни было, эту зону можно назвать «складом хранения готовой продукции».

Но чтобы функция переработки информации в знание была реализована мышлением, необходимо условие, которое заложено в самом существовании бытия, рефлектирующего себя вовне, в инобытие, т.е. источающего импульсы информации в различных видах. «Захват» нейронами мозга некой информации и есть вспышка

---

1. Подр. см.: *Клаус.* Сила слова, с. 13–22.
2. См: *Carter*, p. 167.

мысли, превращающая информацию в знание. Их встреча (грубо говоря, материального и идеального) приводит к слиянию, возникает новое качество, т.е. мысль, которая мгновенно рождается в самом акте распознавания информации и тут же преобразуется в знание. Следовательно, мысль растворилась в знании. В результате мы перешли из области материального мира в мир отраженный, в мир целей и понятий, в область мышления. Этот мир имеет свои законы и закономерности, истинность которых определяется не просто слепым отражением внешних сторон материального мира, а именно таким отражением, которое проникает в глубь материального мира, включая и самого человека. Или, как писал Гегель, истинность отраженного мира по отношению к реальному миру будет зависеть от того, насколько рассудочный разум или разумный рассудок совпадут с объектом познания.

Знания и сила

Мышление распоряжается суммой знаний, выстраивает всевозможные понятия и формулирует законы. В конечном счете накопленные знания и формируют силу человека, которая образует фундамент поступательного развития человечества. Эта *человеческая* сила отличается от всех других слепых природных сил тем, что она действует *целенаправленно* в соответствии с теми задачами, которые ставит человек на основе знаний. В данном случае взаимоотношения знаний и человеческой силы кардинально отличаются от подхода человека к силам природы. В последнем случае происходит познание этих сил, чтобы в дальнейшем познанное внедрить в знание. В первом же случае — не просто отношения, а именно *взаимодействие*, ведущее к такому переплетению человеческой силы и знаний, которое почти неотличимо от тождества: знания = силе. Именно так в Советском Союзе был интерпретирован афоризм Фр. Бэкона из «Нового Органона», который на самом деле сформулирован был иначе: «Знания и сила человека совпадают (Human knowledge and human power meet in one)». «Совпадают» не означает, что они одно и то же. Если бы это было так, тогда крайние члены обозначались бы одними и теми же словами: знание=знаниям, сила=силам. Это — пустые тождества. И в то же время они — тождества, но только тождества как в-себе-сущие. Разъединяют же их проявления, которые и вынуждают единую сущность обозначать разными словами. И тут необходима диалектика, как метод, без которого не выбраться из тупика, в который попали все упомянутые в «Диалектике силы» авторы.

В этой книге мне приходилось подробно объяснять, откуда берется сила и как она себя обнаруживает в природе. Сейчас же речь идет о силе человека, который, естественно, испытывает на себе и все природные силы. Однако главной силой, которая определяет бытие человека именно как человека, является человеческая сила, которую обозначим как **гомо́бия** (homo+bia — homobia). Эта гомобия раскрывает себя через знания человека. Поэтому есть соблазн эту пару сформулировать через «сила есть знание» или, коль они есть тождества по своей в-себе-сущности, через «знание есть сила». В этом случае напрашивается аналогия с гегелевским рассуждением о субъектах и предикатах. По его логике, в первом варианте сила — это субъект, знание — предикат, а во втором знание — субъект, сила — предикат. Но необходимо заметить, что в первом случае *сила* должна быть *единичным*, а знание *всеобщим*, а во втором — знание *единичным*, сила *всеобщим*, поскольку предикат выводит единичное на всеобщее. Но являются ли сила единичным, а знание всеобщим относительно друг друга как понятия? Очевидно, что нет. И тем не менее они едины, о чем говорит связка *есть*. И эта связка указывает *только* на единство, но не на процесс перехода одного в другое, не на становление, что было бы правомерно при других сущностных явлениях. Скорее, в данном случае речь должна идти о переиначивании «бия» в «гносис», и наоборот. Но это в инобытии, в проявлениях, а в-себе-сущности сохраняется изначальная двойственность, т.е. в силе присутствует знание, в знании присутствует сила, и такую целостность я называю **гноси́бия** (gnosis + bia).

Глава 2
Прогресс

Поскольку системный язык для большинства читателей более понятен, перейду на него, тем более что сама сила, например у Гегеля, выводилась из взаимоотношений между целым и частями.

Итак, каким образом, проявляется двойственность в гносибии? В «Диалектике силы» я писал, что в самой силе как целостности заключены две части: пассивная внутренняя и активная внешняя. Они взаимосвязаны, одно без другого не существует, но проявляют они себя по-разному. Так вот внутреннюю силу можно представить в виде ядра с определенной массой, вокруг которого вращаются внешние силы, наподобие электронов, взаимодействующих как с самим ядром, так и с внешним миром. Точно так же можно представить и целостность силы и знаний человека. Сила — это некое ядро, которое источает из себя электроны в виде знаний. А сами знания как отдельная целостность состоят из знаний как таковых и силы как ядра в поле знаний. Причем ядро-сила пассивно, электроны-знания активны. То есть в суждении *сила есть знание* сила выступает и как таковая, и как знания (внешняя сила) одновременно, точно так же обстоит дело и со знанием: знания как таковые и как сила (внутренняя). Различия же заключаются в проявлениях: в одном случае знания как части воплощаются в целокупной силе, в другом — сила как часть воплощается в целокупном знании. Различаются они также и в проявлениях: обычно сила проявляет себя в ресурсах или структуре, знания — в отношениях. Еще одно отличие заключается в темпах или скорости реализации: сила пассивна, знания активны. При этом пассивную силу можно измерять через ее массу, которая означает мощь силы, а знания через их объем и глубину (объем — количественная характеристика, глубина — качественная).

Из сказанного напрашивается заключение:

Чем больше знаний, тем больше сила, и наоборот[1].

---

1. «Ба, да это же было известно еще позавчера!» — слышу восклицание всезнающего критика. Именно таким образом среагировал на мои рассуждения о знании и силе, изложенные в книге «Диалектика си-

Насколько оно верно, мы проверим в следующих главах.

Здесь надо еще обозначить соотношение между физической силой и силой-знаниями человека, или интеллектуальной силой. Надо при этом иметь в виду, что знания — это историческая категория по отношению к силе вообще (еще раз напоминаю, что сила-онто́бия есть атрибут бытийной реальности), следовательно, она вторична, поскольку появилась вместе с человеком. И в начальной стадии развития интеллектуальные знания, очевидно, играли не столь важную роль как впоследствии. В былые времена физическая сила человека, его практические навыки были важнее интеллектуальной силы Homo sapiens. С течением времени соотношение между физической и интеллектуальной силой менялось. И в настоящее время ясно, что интеллект важнее мускулов. При всем этом не надо забывать, что интеллектуальная сила без силы мускулов, т.е. без тела, не существует. Парадокс заключается в том, что смысл самой силы-знания состоит в том, чтобы как можно дольше сохранить тело, естественно, живое. Так что физическая сила человека (то, что на английском языке обозначается словом strength), теряя свою значимость с точки зрения его выживания, приобрела значение здоровья, ради которого трудится сила-знание.

Здесь речь шла об абстрактном человеке (общее в единичном, по Гегелю, die Allheit) и понятиях *сила* и *знания* как абстракциях. Однако человек есть конкретное явление, которое стало таковым благодаря обществу. Точно так же как и общество существует благодаря конкретному человеку. Это — явление неразрывной взаимосвязи. Следовательно, совокупность всех индивидуальных гомобий и всех гомогносисов на выходе дает совокупную

лы», один из маститых философов Института философии РАН. При этом подчеркнув, что никакого философского содержания понятие сила не имеет, и все это метафоры и условности. И профессор указанного института прав, поскольку «все известное позавчера» действительно используется как метафоры и условности. В данной же работе представлена попытка научно разобраться во взаимоотношениях знания и силы на понятийном уровне.

общественную силу и совокупное общественное знание, которые, следуя греческому языку, можно обозначить как **кинóбия** и **киногнóсис** (первое слово на греч. — *koinonia* — означает *общество*). Как эти понятия ведут себя в обществе, мы рассмотрим в другой части работы. А сейчас надо разобраться со *знанием* и *информацией*, чтобы не было путаницы в дальнейшем.

Информация и знания

Выше много раз употреблялось слово *информация*, которое необходимо уточнить. *Информация* как понятие претендует на место в одном ряду с категориями *материя* и *энергия*. Несмотря на это, информация неоднозначно толкуется учеными, по крайней мере имеет множество определений и интерпретаций. К примеру, французский математик Луи Куффиньяль определяет информацию «как физическое воздействие, вызывающее ответное физиологическое действие»[1]. После некоторых уточнений он определяет информацию как «физическое действие, влияющее на мышление». Следовательно, пишет Куффиньяль, информация имеет две стороны: семантику, которая заключается в действии данной информации на мышление, и носителя информации — физическое явление, оказывающее семантическое действие на мышление (с. 112).

Естественно, кибернетики и математики и вообще те, кто занят конструированием «думающей машины», не могут не перевести все процессы функционирования человека на язык информации, пример чему в свое время подал отец кибернетики Н. Винер. Он, в частности, писал: «Третье фундаментальное свойство жизни — свойство раздражимости — относится к области теории связи»[2]. В принципе «к области связи» можно отнести абсолютно все, в том

---

1. Цит. по: *Кибернетика. Итоги развития*, с. 111.
2. *Винер.* Кибернетика, с. 56.

числе и «общественные отношения», которые можно рассматривать как «особый вид передачи информации» (Луи Куффиньяль). Так что же такое информация?

Все, оказывается, не так просто. К примеру, российский ученый Ю.М. Батурин утверждает, что информации «не существует *в природе* (курсив мой. — *А.Б.*), она потребовалась, чтобы заполнить "белые пятна" в научной картине мира, как прежде невидимые сущности»[1]. Батурин прав: информации в природе не существует как материальной субстанции в виде вещества или энергии. Н. Винер, предвосхищая попытки сведения информации к материи, писал: «Информация есть информация, а не материя и не энергия»[2]. Это утверждение означает, что информация не есть онтологическая категория, она очевидно из области гносеологии и, таким образом, относится к сфере понятий, т.е. отраженных явлений. И если в «природе» ее не существует, то в общественной реальности она присутствует как нечто отраженное, т.е. не как самостоятельная сущность, а именно как идеально отраженная сущность. (Читатель, возможно, уже начал догадываться, что механизм понимания информации тот же самый, что и в понимании сознания-мысли.) Батурин выразил это очень точным словом *отношение*: «Информация является отношением соответствия двух систем». Мысль в процессе мышления как раз и занимается приведением в соответствие двух систем: преобразованием информационных сигналов в знания. Об этом же, только в другой форме, пишет немецкий ученый Г. Клаус: «Информация не является чем-то самостоятельным, не представляет собой нечто абсолютное, но имеет информационный характер только в отношении к системам, воспринимающим информацию»[3].

Но воспринимать информацию как информацию может только одна «система», и она называется человеком. Потому что само понятие *отношение* — гносеологическое, оно присуще только

---

1. *Baturin.* Political information and its perception, p. 111–2.
2. *Винер.* Кибернетика, с. 208.
3. *Клаус.* Кибернетика и общество, с. 60.

человеку. Даже животные не «относятся» ни к чему, так как для животного его отношение к другим или к сигналам не существует как отношение, поскольку у него нет сознания, а есть только психика, а у беспозвоночных организмов нет и психики. Тем более сказанное верно в отношении неорганического мира. Две машинные взаимосвязанные системы не воспринимают информацию, что, по словам Винера, означает еще «обозначенное содержание», а принимают только электрические сигналы. Следовательно, информацию воспринимает только, повторю еще раз, человек.

Одна сторона информации — восприятие и ее отражение. Другая ее сторона — ее материальность, энергетичность (импульсы, сигналы). Опять же как и с мышлением: речь, слова, понятия и т.д. — все эти абстракции произошли от конкретных вещей, исходят от их физических носителей. Кстати, и сохраняются не в трансцендентном пространстве, а в книгах, на дисках, в памяти человека.

Но сила человека, как утверждалось выше, не в информации, а именно в знании. Здесь вновь требуется уточнение. Дело в том, что нередко знания можно рассматривать как информацию, и наоборот. Где грань, отличающая одно от другого? Например, что хранится в библиотеках: знания или информация? Ответ сам приходит на ум. Достаточно представить, что все библиотеки мира подарены какому-нибудь племени «юмба-мумба», только что освоившему чтение. Очевидно, что эти библиотеки для них в лучшем случае будут представлять какую-то информацию. Точно так же для ребенка формула $a + b = c$ будет означать некие информационные знаки, которые он, возможно, запомнит на подсознательном уровне.

Знание — это возможность использовать информацию на практике. Чтобы такая возможность была реализована, необходимо предварительно информацию систематизировать, привести в порядок, т.е. она должна обрести смысл для практической деятельности. Без акта последующего действия нет смысла придавать информации смысл, т.е. статус знания. Именно поэтому большая часть поглощаемой нами информации диссипатирует, исчезает из-за невостребованности, не превращается в знания. Следовательно, информация связана со знанием как «вход» и «выход» в процессе мышления, в котором заложено целенаправленное действие (или использование). Именно в знании на полную мощь работает категория силы, поскольку знание аккумулирует в себе и онтологию (с ее физикой и химией), и психологию (процесс отражения в мозгу), и поведение в окружающей среде (если угодно, бихевиоризм).

Может возникнуть вопрос, а для чего человеку знания? Ответ очень простой: чтобы некий биовид превратился в человека, с которого начинается жизнь. Вот и все.

Информация – энтропия – знания

А теперь разберемся во взаимоотношениях между информацией и энтропией. Напомню, что в книге «Диалектика силы», в главе II «Силы во Вселенной: суть и проявления» об энтропии (или Втором начале термодинамики) говорилось в контексте неизбежной тепловой смерти Вселенной. В главе III «Происхождение органического мира» упор делался на проявлении Второго начала в биологическом мире как процессе, порождающем хаос, но который в определенной степени упорядочивает органический мир на основе законов этого мира. Многие процесс упорядочивания связывают с информацией. У Винера, например, читаем: «Как количество информации в системе есть мера организованности системы, точно так же энтропия системы есть мера дезорганизованности системы; одно равно другому, взятому с обратным знаком»[1]. Фактически утверждаются обратно пропорциональные зависимости между информацией и энтропией: больше информации, меньше энтропии, и наоборот. Эти идеи в дальнейшем были развиты и уточнены, и сама информация стала определяться как такие сведения, которые уменьшают или снимают существовавшую до их получения не-

---

1. *Винер*. Кибернетика, с. 56.

определенность. В результате в термодинамической интерпретации статистического понятия информации последняя стала рассматриваться как отрицательная энтропия (негэнтропия), которая отбирается системой, например организмом, из окружающей среды для организации своих внутренних процессов. «Это дает основания для различения информации *свободной*, рассматриваемой независимо от ее физического воплощения, и *связанной*, отнесенной к микросостояниям какой-либо системы»[1]. «Свободная» информация и есть ее инвариантность, на что я обращал внимание выше.

Непосредственно Второму началу термодинамики подчинена именно «связанная» информация. В свое время благодаря работам Лео Сцилларда, решавшего парадоксы Максвелла (Maxwell's Demon), было обнаружено, что информацию нельзя получить «бесплатно». За нее приходится платить энергией, в результате чего энтропия системы повышается на величину, по крайней мере равную ее понижению за счет полученной информации. В этом смысле «связанная» информация не обладает негэнтропийными свойствами, гасящими, например, энтропию биологической системы. И Лев Блюменфельд прав, когда писал, что «любая биологическая система упорядочена не больше, чем кусок горной породы того же веса»[2]. Для любой биологической системы имеет значение только сотворенная, созданная новая информация, которая оказалась возможной в результате усложнения структур органического мира. Но этот процесс возник случайно и объективно. С появлением человека произошел скачок в «царство разума», в котором громадную роль начал играть мир субъективный.

Как уже говорилось, кибернетики не особо отличают информацию от знаний. Винер, к примеру, то говорит об информации, то в том же контексте о «битве знаний». Для моего же исследования это различение крайне важно, поскольку информацию я рассматриваю как первоначальное сырье (даже в контексте «свободной» информации), которое только впоследствии перерабатывается

---

1. *Управление, информация, интеллект*, с. 183.
2. См.: *Блюменфельд*. Информация… .

мышлением в знание. Именно знания и есть упорядоченная информация, или негэнтропия[1]. Негэнтропийность знания выражена в том, что

> *Человек, и только человек начинает сознательно воздействовать на бытие в соответствии с различными целями, среди которых наиважнейшей является продление жизни.*

Подчеркиваю: цель не просто жизнь, а именно *продление* жизни. Просто «жизнь» определяется законами неорганического и органического мира. Она полностью подчинена Второму началу термодинамики. Продление же жизни есть борьба, которую знание ведет со Вторым началом термодинамики в целях временно́го и локального расширения своего жизненного пространства. Не отменяя этого фундаментального начала, знание выхватывает у него определенные островки Вселенной, где это начало работает или в другом темпе, или вообще замирает на какое-то определенное время. Поэтому не информация, а знания являются мерой организованности системы, в которую встроен человек, противостоящий дезорганизованности окружающей среды с повышенной энтропией.

Жизнь и прогресс

Норберт Винер писал: «Действенно жить — это значит жить, располагая правильной информацией»[2]. Я уже отмечал, что надо не просто жить, а долго жить, и располагать надо не столько инфор-

---

1. В научном обороте существует очень похожий термин — экстрапия, введенный в оборот американцем Томом Беллом в 1988 г. Слово определяется как «мера измерения интеллекта, информации, энергии, жизни, возможностей и роста». По своей идее экстрапия близка негэнтропии: это — противодействие энтропии.
2. *Винер*. Кибернетика и общество. В: *Винер*. Творец и будущее, с. 19.

Глава 2
Прогресс

мацией, сколько знанием. Но здесь важно слово *правильная*. Дело в том, что многие могут сказать, что существуют ложная информация и ложные знания. И это верно. Но само существование человека и человечества свидетельствует о том, что только «правильная» информация, «правильные» знания в конечном счете одерживают верх над информацией и знаниями «неправильными», поскольку «правильные» знания адекватно отражают объективную реальность, с которой человек постоянно сталкивается. И критерием «правильности» является практика, как ни банально это звучит. На основе «правильных» знаний формулируются законы этой реальности, которые опять же постоянно проверяются практикой.

И в этой связи наконец-то встает вопрос о прогрессе. Мы бесконечно будем крутиться вокруг слова *прогресс*, пока не зададимся простым вопросом: в чем смысл и цель жизни человека? Ответов масса. Богословы будут утверждать, что смысл жизни в служении богу, революционеры — в борьбе, обыватели — в покое, буржуа — в деньгах. В таких ответах часто путают смысл жизни с целью жизни. Но в любом случае мы получим громадное разнообразие ответов. Иначе будет обстоять дело, если мы поставим вопрос по-другому: жизнь или кошелек, жизнь или бог, жизнь или борьба, жизнь или смерть? Вряд ли ошибусь, если предположу, что каждый разумный человек ответит — жизнь. И это естественно, поскольку без жизни все остальное ничто.

Гёте в свое время ответил так: «Смысл жизни в самой жизни». И он был прав даже в научном смысле слова, поскольку суть человека — это жизнь, а жизнь и человек это одно и то же. Без жизни человека не существует или без человека не существует и жизни. Но какое отношение смысл жизни имеет к прогрессу? Пока никакого.

Идем дальше. Что является врагом жизни, чего человек боится больше всего на свете? Ответ, опять же, однозначен: больше всего на свете человек боится смерти, смерть является врагом жизни.

Вспомним, что с момента зарождения человечества возникали мифы, сказки, религии, в которых постоянно отражалась мечта человека о бессмертии. В принципе популярность всех религий обязана главным образом обещаниям бессмертия если уж не тела, то хотя бы души, которая, «чем черт не шутит», и тело когда-нибудь подыщет. Даже развитие науки и техники не убивает веру в бессмертие у рабов божьих. Эта тема кормит не только попов всех религий. Она в настоящее время превратилась в кормушку для тысяч и тысяч шарлатанов (многие из которых в научных рясах), пишущих о реальных возможностях стать бессмертными. Несмотря на очевидный абсурд их писаний и проповедей, находятся миллионы, верующих во все эти побасенки, поскольку мечта о бессмертии — это самая фундаментальная мечта людей со времен Адама и Евы.

А имеет ли связка «смерть–бессмертие» отношение к прогрессу? Не исключено.

Итак, суть человека — это жизнь, поскольку только человек осознает, кто он таков. Осознает в промежутке между рождением и смертью. Отсюда — чем длительнее жизнь, тем дольше человек остается человеком. И тогда на вопрос: в чем цель жизни? — следует логичный ответ: *цель жизни заключается в ее продлении*. Бессмертие — это вера, мечта, а продление жизни — это все-таки реальность. *Продление жизни до бессмертия является фундаментальной стратегической целью-мечтой человека, которая отражается в понятии «прогресс».*

Итак:

> <u>Прогресс — это приращение</u> *жизни, что есть разность между тем, сколько отпущено человеку природой (законами неорганического и органического мира), и тем, сколько он реально (актуально) проживает благодаря своим знаниям, или негэнтропии. Эту разницу я называю* <u>дельтой жизни, или прогрессом.</u>

Глава 2
Прогресс

Таким образом:

> *Если смыслом жизни является сама жизнь, то ее целью может быть только увеличение дельты жизни. Эта дельта и есть количественная характеристика силы человека.* И она зависит, повторюсь, не просто от знаний, а от знаний законов, управляющих Вселенной, т.е. законов всех трех миров: неорганического, органического и непосредственно человеческого. Чем глубже и полней человек вскрывает эти законы, тем выше его негэнтропийный потенциал, его способности воздействовать на Вселенную в своих «корыстных» интересах продления жизни.

Эту логику можно применить как к обществу, так и ко всему человечеству. Чем выше средняя продолжительность жизни населения того или иного общества или государства, тем больше его совокупная сила, тем более оно прогрессивно. Не случайно в тех обществах, где еще не развиты знания или царит религиозное мракобесие, происходит регрессия, выраженная или в стагнации, или в откате назад, как это наблюдается в современной России.

Разумеется, здесь дано понятие *прогресса* в самой его общей форме. Существуют формулировки прогресса применительно к различным родам деятельности человека. Скажем, экономисты в качестве критерия прогресса могут взять рост ВВП или сбалансированность бюджета, политики — утверждение демократии. Американский логик и философ Кларенс И. Льюис определяет это понятие так: «Естественно, что с этой точки зрения критерий исторического прогресса оказывается аксиологическим — "высшее благо", "благая жизнь"»[1]. Слишком оценочно и субъективно. Но какие бы определения прогресса кем бы ни давались, все они в конечном

---

1. Цит. по: *Богомолов*, с. 280.

счете сводятся к продлению жизни. Это определение категориальное, совпадающее с его онтологической сущностью.

Исходя из изложенного, возвращусь к проблеме общества: чем определяется его сила и какое общество можно называть прогрессивным?

4. Общественные законы силы и прогресса

Для начала надо определиться с некоторыми важными терминами, которые будут возникать в ходе исследования. В данном случае я имею в виду термины *развитие и эволюция*. В моей теории прогресса эти термины применимы только к сфере общественного бытия, поскольку за его пределами, т.е. в неорганическом и органическом мирах, не существует ни развития, ни эволюции, ни революций, а только *движение* и *изменение*. Большой взрыв, формирование атомов, молекул, появление растительного и животного миров и прочие аналогичные явления есть *движение* материи, *изменяющее* ее формы и содержание в соответствии с объективными законами природы, которые не требуют ни нашей оценки, ни нашего согласия. Развитие и эволюция — это понятия обществоведения, с помощью которых анализируются общественные процессы человеческого бытия. И хотя слово *эволюция* накрепко привязано к теории Дарвина, я рассматриваю это сочетание по аналогии с выражением «живая природа», т.е. метафорически. Мои определения этих терминов таковы:

> *Развитие — это движение человечества по пути прогресса; эволюция — это постепенное продвижение вперед по пути прогресса; революция — скачкообразный переход на новый, более высокий этап развития человечества, ускоряющий темпы продвижения по пути прогресса; контрреволюция — скачкообразный откат на предыдущий, более низкий этап развития человечества, ведущий к регрессу*[1].

---

1. Синонимами слову *регресс* могут быть слова *дегрессия* и *эпигрессия*.

А сейчас необходимо разобраться во взаимосвязях между общественными знаниями и общественной силой.

* * *

В данном случае я говорю об общественной силе на категориальном уровне[1] как силе всего человечества, а не конкретного общества, а также об общественных знаниях, которые являются суммой знаний абстрактных индивидуумов. Необходимо учитывать, что каждый индивидуум обладает по меньшей мере определенным минимумом общественного знания, который позволяет ему существовать в этом обществе. Другое дело, что у разных индивидуумов объем знаний различен, но в целом достаточен, чтобы выжить в конкретной общественно-исторической среде. В то же время в любом обществе существует определенная группа людей, обладающих бо́льшим объемом знаний, чем тот, который необходим просто для выживания. Эти люди формируют науки и открывают законы природы и общества. Развитие общества, его усиление происходят главным образом за счет указанной группы людей, которая в той или иной форме существовала даже на заре возникновения человечества. Но ее деятельность мало что значила бы, если бы остальная, бо́льшая часть общества не апробировала их знания на практике. С одной стороны, такое взаимодействие фиксируется в индивидуальном сознании, с другой — обе группы вкупе формируют совокупное знание всего общества, что я и называю **общественным знанием**.

Итак, на каком-то историческом этапе развития человечества возникла общественная сила (кино́бия), которая является отраженной стороной общественного знания (киногно́сис). По своему

---

1. Надо иметь в виду, что общественная сила является понятием относительно категории *онто́бия* в рамках анализа бытийной реальности. В системе же общественных наук, являясь одним из самых общих понятий (понятие понятия), наряду с понятием *общественные знания*, она выступает уже как категория, поскольку входит в зону общественного бытия.

Глава 2
Прогресс

внутреннему содержанию и проявлению во взаимодействии эти две категории не отличаются от пары *силы человека* (гомобия) и *силы знаний* (гомогносис). То есть в любой общественной силе как ядре-массе можно обнаружить знания, в любых знаниях можно усмотреть силу как ядро–массу. Их взаимоотношения динамичны, поскольку знания постоянно изменяются, соответственно изменяется и сила. Самое главное то, что только в обществе происходит процесс самовозрастания знаний, соответственно и силы, в результате общественных отношений.

Этот процесс можно представить в виде простой цепочки: $B_k^0 \to G_k^0 \to B_k^1 \to G_k^1 \to B_k^2 \to \ldots B_k^n$, где B_k — общественная сила (кинобия), а G_k — общественные знания (киногно́сис). Причем $B_k^0 < B_k^1$, т.е. последующая общественная сила превосходит предыдущую благодаря накоплению знаний за определенное время.

Отсюда можно вывести закон общественного развития, который обозначу как *Первый закон (начало) общественного развития* — закон общественной силы:

Сила общества (человечества) неуклонно возрастает со временем.

Общественная сила – величина не постоянная, а изменчивая. Она есть отражение общественных знаний, которые в принципе меняются в сторону наращивания, но бывает, что и в противоположную сторону — на локальных участках общественного развития. В последнем случае общественная сила уменьшается вплоть до ее коллапса. В истории были случаи, когда потеря или забвение старых знаний приводили к самоуничтожению обществ или же отбрасывали их назад, как это произошло с различными частями Римской империи. В таких случаях общественная сила проявляет себя как особенное.

Но если обратимся ко всей истории человечества (пренебрегая исключениями), то обнаружим, что первоначальная общественная сила, основой которой был накопленный к тому времени экономический потенциал группы дикарей, породила определенный объем знаний, или определенный минимум общественных знаний, а те позволили дикарям сорганизоваться в племя, т.е. в общественную силу, превосходящую прежнюю. Естественно, это произошло благодаря тому, что в течение некоторого исторического времени знания дикарей о себе и мире существенно расширились и углубились. И так далее по восходящей линии в истории. То есть, если даже в какие-то периоды человеческого развития и происходит уменьшение общественной силы или ее полное исчезновение, то в целом, в течение всей истории человечества, эта сила неуклонно возрастает.

У Первого закона существуют тесные отношения со Вторым законом термодинамики (законом возрастания энтропии), законом хаоса и смерти. С ним сопрягается *Второй закон (начало) общественного развития – закон общественных знаний*, который является инобытием Первого закона. Как постулат он звучит так:

Знания человечества тормозят действие закона возрастания энтропии в обществе. Иначе: чем глубже и шире знания человечества, тем сильнее его сопротивляемость Второму закону термодинамики.

Или короче:

Чем глубже знания, тем меньше энтропии.

Вспомним, что энтропия является мерой организованности или дезорганизованности системы. Чем более организована система, тем меньше энтропии, и наоборот. Следовательно, вся история человечества — это борьба против энтропии, процесс упорядочивания, интеграции племен в рода, родов в союзы, союзы в государства, государства в мировое сообщество. Применение знаний позволяет преодолевать даже объективные законы природы, например закон

Глава 2
Прогресс

земного притяжения, который человек благодаря знаниям «обходит» с помощью космических аппаратов. Главное то, что этот *Второй закон общественного развития удлиняет дельту жизни человека*, вступая в борьбу со «стрелой времени», отраженной во Втором законе термодинамики. Это негэнтропийный закон, закон жизни, противостоящий закону смерти. Одновременно *это закон борьбы*, поскольку закон возрастания энтропии настолько фундаментален, что его преодоление требует не менее фундаментальных усилий всего человечества и каждого человека в любой точке его бытия, т.е. фундаментального Второго начала общественного развития. Вспомним Гераклита: все возникает через борьбу[1].

В этой связи следует четко уяснить: любое явление общественной жизни, противодействующее закону возрастания энтропии, является силой, работающей на прогресс. Чтобы дать оценку тому или иному общественному явлению, событию или поступку по тем или иным признакам, надо сопрячь его с законом возрастания энтропии: это «явление» за него или против. Если «за», то оно сторонник и союзник смерти, если «против», значит, оно союзник прогресса, жизни. Критерий, который легко позволяет оценить, по крайней мере в первом приближении, любые явления, события и поступки в обществе.

---

1. Не могу не отметить такой факт. Среди прочитанных мной работ на русском языке я встретил только одну, в которой рассматривались взаимосвязи энтропии и негэнтропии с природой вообще и общественной системой в частности. Это работа уже упоминавшегося русского экономиста Ю. М. Осипова «Опыт философии хозяйства». И хотя его интерпретация этих взаимосвязей отличается от моей, тем не менее в целом она плодотворна с точки зрения нестандартного подхода к изучению общественных явлений.

5. Знание силы и сила знаний

Почему одни цели достигаются, другие нет, почему одна сила побеждает, другая проигрывает?

Ответы на эти вопросы зависят от того, насколько глубоко познаны силы природы и общества. Глубина этого познания и воплощена в силе знаний. Одна сила побеждает другую, потому что у побежденной или не хватило соответствующих знаний, или знания оказались ложными. В принципе побеждает истина, т.е. такие знания, которые адекватны реалиям того или иного исторического момента. Или те, которые отражают объективную историческую перспективу. Но именно как тенденцию, поскольку на каких-то витках истории объективная истина может и потерпеть поражение. Например, буржуазные революции во Франции прерывались контрреволюциями феодальных сил, пока последние в конце концов не сошли с исторической арены. Социалистические идеи в Европе на исходе XX века, несмотря на их историческую перспективность, потерпели поражение вследствие того, что оторвались от реальности, застыли как идеи на уровне начала XX века. И тем самым ослабили мощь социализма, которая не устояла перед мощью капитализма, сумевшего совершить контрреволюции в России и других странах Восточной Европы. И хотя социализм на уровне государства сохраняется в ряде стран, в том числе такого крупного, как Китай, а на уровне идей — практически во всех государствах, тем не менее, в целом произошел откат социализма. И его новый взлет возможен только в результате обновления идей социализма новыми знаниями, адекватными реальностям XXI века. И этот процесс неизбежен, поскольку идеи социализма в большей степени соответствуют стратегической выживаемости человечества, нежели обрюзгший паразитирующий капитализм.

В конечном счете достижение целей, победа или поражение любого субъекта политики зависят от «правильных», как говорил

Глава 2
Прогресс

Винер, знаний. Но здесь сразу же возникает вопрос: какие же знания правильные, а какие нет? Вопрос до сих пор не праздный, поскольку ответы могут кардинально различаться по существу. Например, верующие «плоскоземники», считающие, что Земля плоская, будут уверять, что это истина. А какой-нибудь современный солипсист скажет, что Земля вообще существует в нашем воображении. Закрыл глаза, и ее нет. И вроде бы прав. Но оставим в покое верующих и солипсистов.

Знания и истина

В предыдущем разделе мне надо было отделить знания от информации. Но в нем не было дано четкого определения термина *знание*. Я только вскользь упомянул, что оно должно быть систематизировано и связано с практикой. Этого явно недостаточно. Не хватает онтологического ядра. Но для начала есть смысл воспроизвести хотя бы несколько определений *знания* другими авторами.

Вот как трактует знания, например, Дэниел Белл, известный своей доктриной «постиндустриального общества», правда, как он оговаривается, применительно к целям своей книги. Для него знания — это

> набор организованных утверждений о фактах или идеях, представляющих логичное суждение или экспериментальный результат, которые передаются другим с помощью коммуникационных средств в систематизированной форме[1].

Таким образом, как замечает Белл, он отделил знания от новостей и развлечений. И продолжает:

> Знания состоят из новых суждений (в исследованиях и гуманитарных науках) или новых представлений старых суждений (в учебниках и преподавании) (там же).

---

1. *Bell*, p. 175.

Белл не замечает, что под его определение может попасть любая галиматья, обрамленная наукообразными словами и переданная в систематизированной форме через СМИ. Такого типа определений несметное количество, и некоторые из них приведены и раскритикованы самим Беллом.

Тем не менее Белл справедливо упомянул фактор «передачи знаний», т.е. их социализацию. Я имею в виду следующее. Нередко тот или иной ученый делает открытие, создает нечто новое. Однако его открытие может не дойти до общественного сознания в силу многих причин: одни просто хранят их у себя в столе, как Леонардо да Винчи или лорд Кавендиш, открытие других сознательно блокируется научным сообществом, открытия третьих произошли в тех странах, в которых отсутствовали условия для реализации этих открытий. Последнее было характерно для царской России, когда великие открытия многих ученых и особенно самородков так и не дошли до широкой аудитории. Формально — все это тоже знания. Но такие открытия не только не стали знаниями, они не стали даже информацией, поскольку не стали достоянием всего общества. Они не превратились в силу. Они пропали. Между прочим, в современных обществах вероятность «пропажи» знаний выше, чем ранее, поскольку у них выше вероятность утонуть в информационном океане. То есть знание становится знанием тогда, когда оно проходит процесс социализации, или обобществления. Только тогда его суть становится «инобытием для других».

Поскольку определения буржуазных социологов не представляются мне удовлетворительными, я вынужден вновь обратиться к марксистской трактовке знаний, в данном случае почерпнутой из советского «Философского словаря». В нем говорится, что знание есть «проверенный общественно-исторической практикой и удостоверенный логикой результат процесса познания действительности, адекватное ее отражение в сознании человека в виде представлений, понятий, суждений, теорий»[1].

---

1. *Философский* энциклопедический словарь, с. 192.

Глава 2
Прогресс

Моя трактовка хотя и близка к приведенной, тем не менее в ней есть очень важные нюансы.

> ***Знания — это накопленные человечеством результаты познания действительности, отраженные в общественном сознании в форме обыденных представлений, научных теорий и законов, позволяющих человечеству развиваться по пути прогресса.***

Существуют и ложные «знания», которые, наоборот, толкают человечество к регрессу. Но тогда их надо называть «незнаниями», т.е. выдумками, вымыслами и т.д.

Из этих определений следует, что знания — набор не просто утверждений, а утверждений, адекватно отражающих объективную реальность. Насколько адекватно — проверяется практикой, а не интерпретацией какого-нибудь зашоренного «ученого». В этой связи, естественно, встает вопрос об истине, на который не смог ответить Иисус. А без ответа на этот вопрос — что такое истина? — любая деятельность человека будет носить неопределенный характер с точки зрения ее конечного результата. И если Иисус не знал ответа на такой важный вопрос, тогда вся его религиозная доктрина была построена на зыбкой почве[1].

В отличие от Иисуса американский прагматик Вильям Джеймс знал, что это такое: истина «есть определенное свойство наших идей. И она означает "соответствие", так же как ложь — несоответствие "реальности"». Далее он развивает свою мысль: «Истинные идеи — те, которые можно усваивать, подтверждать, подкреплять и проверять. Ложные идеи — те, с которыми все это

---

1. Весь библейский эпизод, разговор Пилата с Иисусом об истине, я воспринимаю как легенду, а христианство — как религию, сформированную идеологами разваливающейся Римской империи с целью хотя бы с помощью единого бога устрашить народ и остановить распад империи. В значительной степени это идеологам удалось, хотя и не совсем.

сделать нельзя»[1].

То есть истинность или неистинность опять же должны проверяться практикой.

По вопросу об истине ведутся жесточайшие споры среди философов, в которые у меня нет намерений вторгаться. Мое определение звучит так:

Истина — это высшая форма человеческого познания, с помощью которого мысль человека познает не только явления бытия и общества, но и их суть.

То есть когда объект изучен в полном объеме. Результат такого познания формулируется в виде закона природы или общества.

И если в естественных науках, которые предпочитают называть «строгими науками» (hard sciences), такого типа истины проверяются экспериментально, то индикатором истины в «нестрогих науках» (soft sciences), типа философии, социологии, политологии и т.д., является научный прогноз, свидетельствующий об адекватности реальности. Между прочим, этот индикатор является одновременно индикатором и самого прогнозиста как ученого. Например, тот же Белл на основе изучения громадного статистического материала дал верный научный прогноз изменения характера капиталистических экономик, развития их в сервисную экономику, что и подтвердилось к концу XX века. Однако еще более впечатляющими были политические, экономические, социальные и исторические прогнозы Маркса и Энгельса. Главный из них — неизбежность перехода общества от капитализма к социализму. Этот переход действительно произошел в XX веке, по крайней мере в таких значимых государствах, как Россия и Китай. Фактически борьба и сосуществование социализма и капитализма определяли геостратегическую ситуацию в мире на протяжении почти

---

1. Цит. по: *Murray*. Human accomplishment: the pursuit of excellence in the arts and sciences, 800 B.C. to 1950, p. 60.

Глава 2
Прогресс

всего XX века. И хотя в России к концу XX века произошла контрреволюция, однако социализм не только сохранился в Китае и некоторых других государствах, он пробивает себе дорогу в ряде латиноамериканских стран. Но самое главное он исподволь, изнутри распространяется практически во всех странах Западной Европы, хотя еще и не стал доминирующей формацией. Этот путь неизбежен и закономерен, хочет этого капитализм или нет. Но Маркс и Энгельс были сильны не только в долгосрочных прогнозах (forecast), но и в предсказаниях (prediction — предсказание, расчет)[1]. Уже в 1887 г., т.е. более чем за четверть века, Энгельс предсказал Первую мировую войну и ее последствия, причем в деталях. А в 1894 г. он предсказал будущую революцию в России[2]. Не менее впечатляют его прогнозы, опять же в деталях, относительно франко-прусской и австро-прусской войн. Известно также и предсказание Ленина относительно неизбежности войны между США и Японией.

Такие прогнозы возможны только на основе глубочайшего знания закономерностей общественно-исторического развития.

Знания, свобода и идеи

Само собой разумеется, что знания не напрямую действуют на человека или общество. Помимо общественных структур, через которые и внедряются идеи, они важны сами по себе, поскольку на их основе как раз и создаются эти структуры. Многие ученые, говоря о прогрессе, писали о свободе и демократии не только как о самоценности, но и как о своего рода политической среде, в которой только и может развиваться прогресс. Некоторые даже указывали на прямо пропорциональную зависимость между свободой (или демократией) и знанием. Их ошибкой являлось то, что эти

---

1. См. разницу между прогнозом и предсказанием у Дэниела Белла (*Bell*, р. 3–4), а также в книге 1-й настоящего тома.
2. МЭ, т. 21, с. 361; т. 38, с. 431; т. 39, с. 23–4, 291, 349.

понятия обсуждались а) вне их философской взаимосвязи, б) вне исторического времени.

Рассмотрим поначалу парадокс связки «свобода-знание». Многим кажется, что чем больше знаний, тем большим выбором обладает человек, тем больше у него степеней свободы. На самом деле все наоборот. Чем меньше знаний, тем более свободен человек. Простой пример подтверждает этот парадокс. Человек заблудился в лесу. Он не знает картографии, расположения звезд на небе, закономерности расположения деревьев в лесу. В результате он обладает бесконечной свободой выбора, в какую сторону ему идти, чтобы выйти из леса. Вероятность правильного выбора близка к нулю. Если же он знает перечисленное выше, его свобода ограничивается двумя-тремя вариантами выхода из леса. И чем полнее и глубже его знания той ситуации, в которую он попал, тем меньшей степенью свободы он обладает. А при абсолютном знании ситуации его свобода сводится к единице, единственному правильному решению. Этот пример применим ко всем явлениям общественного развития. Другими словами, знания ограничивают свободу, подчиняя ее закону или закономерности. Отсутствие знаний ведет к царству свободы. Эту мысль можно выразить так: знания = 0, тогда свобода = ∞, и наоборот. Именно поэтому в свое время Гегель, а за ним и марксисты вывели формулировку, которая свободу и знания сводила к плодотворному взаимодействию: свобода есть осознанная необходимость. Уточняю: необходимость подчинения истине, закону.

А теперь рассмотрим понятие *свобода* с позиции исторического времени. Свобода — это абстракция, отражающая определенную форму политической системы. Демократия — это форма политической власти. И то и другое существовало везде и в любые времена. Весь вопрос в степени свободы и демократии. Абсолютной свободы не бывает. Если она «абсолютна», тогда это анархия и хаос. Причем и сама *степень* не есть универсальное понятие. Для одних стран необходима одна степень, для других — другая. Более того, для одной и той же страны в одно историческое время нужна одна степень свободы, для другого исторического времени

Глава 2
Прогресс

— другая. То же самое с демократией, со справедливостью, равенством, братством.

Это касается и власти: авторитарная она, тоталитарная или либеральная — зависит от конкретно-исторических условий. Например, в США существует демократическая власть с широкой автономией штатов относительно центральной власти. А в России всегда власть была авторитарна при всех формациях. В США сложилась демократическая система, поскольку никто на них никогда не нападал и не угрожал. То есть необходимости в концентрации усилий против внешнего врага в Америке не было. А история России — это история бесконечных войн, требующих сильной и жесткой центральной власти. Причем такая власть сложилась не сразу. Когда-то в России доминировала феодальная демократия, где «каждый князь себе хозяин», именно тогда Россию легко захватили татаро-монголы. Урок пошел впрок и вылился в жестко централизованное государство. И столь жесткая диктатура при Сталине совсем не вытекала из ленинской доктрины социалистического государства. Доктрина как раз предполагала широчайшую демократию через Советы, что и начало было реализовываться в первые годы после Гражданской войны. Но именно внешняя угроза со стороны Германии, Японии, милитаристского Китая и, между прочим, потенциальная угроза со стороны демократических стран, таких как Франция и Англия, вынуждала укреплять структуру власти именно в диктаторской форме. Несмотря на это, наука в советской России развивалась на порядки масштабнее, чем в царское время. Кроме того, именно сталинская культурная революция 1930-х годов превратила почти поголовно неграмотное население страны в одну из образованнейших наций в мире. Последний факт не оспаривается никем, но замалчивается всеми западными идеологами.

Обычно сталинский Советский Союз упрекают в том, что была атакована генетика, а господствовали доктрины Лысенко и Мичурина. Это естественно, поскольку бо́льшая часть советских ученых, поощряемых властью, вдохновленных возможностью человека изменять все или почти все (вспомните мичуринское: «мы не можем ждать милости от природы»), не могла примириться с ограничениями генетики, «какими-то ДНК». Конечно, в то историческое время они были неправы. Но стратегически все-таки оказались правы: ДНК тоже можно изменять.

Я это пишу потому, что нельзя универсализировать те или иные формы власти. Оценивать их надо с конкретно-исторических позиций. «Рецепты» для одних не годятся другим, включая «рецепт демократии» — икону капитализма.

На данном историческом этапе довольно сложно ответить на вопрос, какая формация является исторически перспективной с точки зрения дельты жизни человеческого рода и индивидуума: капитализм или социализм? Феодализм с этой точки зрения рассматривать излишне, поскольку он блестяще продемонстрировал торможение как роста численности населения, так и отсутствие роста средней продолжительности жизни (СПЖ)[1]. Капитализм резко увеличил и то и другое за относительно короткое историческое время, да и в наше время очень неплохо демонстрирует увеличение СПЖ и ряда других качественно близких к нему показателей. Но у него появилась иная проблема – проблема самого «рода». «Белый род», например в Западной Европе, перестал увеличиваться.

При советском социализме успешно решались обе задачи: увеличение населения и СПЖ. При китайском социализме пока эти задачи также решаются относительно гармонично.

Идеальным обществом являлось бы то, которое оптимально решало бы задачу роста населения при высоком темпе увеличения СПЖ. Какое же общество из современных близко к такому идеалу? Ответ будет дан в соответствующем месте.

---

1. Подр. см.: *Алекс Бэттлер*. Общество: прогресс и сила. Часть III. Дельта жизни.

Глава 2
Прогресс

Измерение знаний

Теперь, когда определено понятие *знания*, встает очередной вопрос: как их измерить? Это непростая проблема, над решением которой ломало голову немало ученых, выдвигая множество вариантов его измерения, ни один из которых нельзя признать однозначно приемлемым. Как измерять? Если по количеству открытий, то открытие открытию рознь. Одни меняют представления всего человечества о мире (например, законы Кеплера или Ньютона), значение других оказывает влияние только в рамках какой-либо одной научной дисциплины. По количеству ученых? Тоже проблема, поскольку один ученый может по своей научной значимости превзойти сотни и тысячи других. К примеру, в американскую ассоциацию философов входят, кажется, около 13 тыс. философов, но вряд ли хоть один из них соответствует уровню Декарта или Канта, не говоря уже о Гегеле. Обычно, подсчитывая количество ученых, учитывают людей, приписанных к университетам или научно-исследовательским институтам. Но среди сотен тысяч такого типа работников, которых правомернее бы называть научными сотрудниками, вряд ли наберется сотня-другая открывателей законов.

Дэниел Белл, предвидя широкое вторжение науки в общество, детально анализировал проблему измерения знаний. В качестве индикаторов науки он брал динамику количества научных публикаций за продолжительное время, расходы на научно-исследовательские и опытно-конструкторские работы (НИОКР) и в целом на науку и технологию, количество занятых в науке и в системе образования и т.п. Как он сам выразился, это «грубое» измерение. Белл, безусловно, прав хотя бы уже потому, что такого типа индикаторы вошли в научный оборот со второй половины XX века (например, НИОКР). Аналогичной статистики в былые времена не существовало, и поэтому по этим индикаторам невозможно оценить, скажем, уровень знаний в Средневековье или в еще более древние времена.

Тем не менее анализ устоявшихся показателей в сфере знаний, науки и образования не только целесообразен, но и необходим. По крайней мере эти показатели дают хотя бы общее представление об интеллектуальном уровне общества и одновременно высвечивают определенную тенденцию его развития. Поэтому кое-какой статистический материал из этого ряда я приведу в дальнейшем.

Есть и другой вариант измерения знаний. Как уже неоднократно утверждалось, *знания* и *сила* — взаимообратимые понятия, и поэтому знания можно измерять через силу. Но сила тоже непростое понятие в плане измерения. Тем не менее, исходя из моей концепции силы, довольно наглядно измеряется ее базисная часть — то, что называется ресурсом, или мощью. Но проблема здесь другого рода. Та же экономическая мощь может оказаться «дурной», бесполезной с точки зрения конечного результата, который в данной работе обозначается как дельта жизни. К примеру, экономическая мощь некоторых стран Юго-Восточной Азии (Филиппины, Индонезия) увеличивалась весьма быстрыми темпами на протяжении 15–20 лет без ощутимого влияния на среднюю продолжительность жизни их граждан. То есть опять все упрется в политику, от которой будет зависеть эта дельта. В конечном счете по этой дельте мы сможем измерить, точнее, оценить знания той или иной страны. Но это взгляд на знания через силу, т.е. оценка конечного результата. С точки же зрения прогнозирования все-таки важен взгляд на силу через знания. Есть ли какой-нибудь вариант более точного прогнозирования, чем использование индикаторов, упомянутых выше?

На мой взгляд, есть, и он принадлежит уже упоминавшемуся американцу Чарльзу Мёрэю. Этот ученый написал уникальную монографию «Достижения человечества. Стремление к совершенству в искусстве и науках от 800 г. до н.э. до 1950 г.»[1]. Автор

---

1. *Murray*. Human accomplishment: the pursuit of excellence in the arts and sciences, 800 B.C. to 1950.

Глава 2
Прогресс

проанализировал развитие науки и искусства на протяжении почти трех тысяч лет, причем не только в Европе и Северной Америке, но и на Востоке (Индия, Китай, Япония). Он выявил наиболее значимые фигуры в науке и искусстве, которые внесли «новое» в развитие человечества. Это была крайне сложная задача с методологической точки зрения. Как выделить «значительные фигуры» (или «уникальные индивидуумы»), какие критерии взять за основу при их определении и т.д.? Своему методу Мёрэй посвятил чуть ли не треть своей обширной монографии (668 стр.), подробно описав технические и статистические основы своего подхода. Хотя я не согласен с некоторыми аспектами его метода, но вынужден признать, что в целом с точки зрения объективности я не встречал более совершенных методов и потому вынужден принять его целиком. Объяснять этот метод здесь было бы неуместно, поскольку это увело бы нас слишком далеко от обсуждаемой темы. Могу только сообщить, что Мёрэй проанализировал все наиболее значимые энциклопедии и биографии-справочники, позволившие ему сделать перекрестный анализ и выделить самые значимые фигуры, а их математическая (графическая) интерпретация строилась на основе кривой Лотка и различного типа индексов статистики. Мёрэй подверг анализу представителей таких «строгих наук» (hard sciences), как астрономия, биология, химия, землеведение, геология, океанография, аэрономия (микрофизика атмосферы), физика, технология, а также таких «мягких» наук (soft sciences), как философия (западная, китайская, индийская), медицина, а также музыки (западная), живописи (западная, китайская, японская), литературы (западная, арабская, китайская, индийская, японская).

По обоснованным им причинам Мёрэй не включил в этот ряд «коммерцию» и «управление», а также представителей социологической науки (главным образом из-за отсутствия либо плохого качества источников). В результате в «великие» у него попало 4002 человека (фактически 3869: разница из-за того, что некоторые лица представлены в различных рубриках дважды или даже трижды, как, например, Платон, Ньютон или Лейбниц). Эти цифры нам еще понадобятся, но с точки зрения науки для нас более важным показателем являются «научные события», а еще более важным — «значительные события»[1]. Такие события при анализе оказались важнее, чем сама личность, поскольку в науке может оказаться, что открытие некоего гения не стало событием, поскольку слишком опередило свое время (как было со многими изобретениями Леонардо да Винчи) или не получило реализации по каким-то другим причинам. В то же время не особенно «гениальный» человек изобрел, иногда совершенно случайно, нечто, казалось бы, «не очень великое», но это «не очень великое», вторгнувшись в жизнь, сделало переворот в жизни человечества, например тот же Джеймс Уайт со своей паровой машиной. Так вот, «событий» Мёрэй насчитал с 800 г. до н.э. до 1950 г. 8759 и среди них только 1560 «значительных». Однако даже из них он выделил центральные события, которых оказалось 749.

Хочу еще раз подчеркнуть, при всех очевидных и неочевидных недостатках методики Мёрэя она являет собой на данный момент самый оптимальный вариант «измерения» науки, результаты которого подробно будут представлены в соответствующем месте.

---

[1] В «события» Мёрэй не включал искусство и литературу, поскольку плоды этих видов творчества появляются на свет в форме конкретного произведения и создаются конкретным человеком. Их влияние на все общество трудно проследить и, главное, признать. Если бы в истории человечества не было Микеланджело, Шекспира, Бетховена, Ду Фу или Калидасы, вряд ли бы это что-нибудь изменило, полагает Мёрэй (p. 144). Не хочется с этим соглашаться, однако боюсь, что Мёрэй прав. Например, для нас, европейцев, Ду Фу или тот же Калидаса фактически малозначимые имена, точно так же как Шекспир и Бетховен — для народов Дальнего Востока, по крайней мере до начала XX в. Ни на нас, ни на них это никак не повлияло. В то время как законы морской навигации, знания обработки земли и прочие технологии влияли с одинаковой силой и на нас, и на них.

Глава 2
Прогресс

Сила, знание и прогресс

Для начала повторю два закона общественного развития. *Первый:*

Сила общества (человечества) неуклонно возрастает со временем.

Второй: знания человечества тормозят действие закона возрастания энтропии в обществе. Или:

Чем глубже знания, тем меньше энтропия.

Здесь просматривается взаимосвязь, которая свидетельствует о том, что возрастание силы общества происходит за счет уменьшения энтропии благодаря углублению общественных знаний.

Еще раз напомню определение прогресса.

Прогрессом является дельта жизни, что есть разность между тем, сколько отпущено человеку природой (законами неорганического и органического миров), и тем, сколько он реально (актуально) проживает благодаря своим знаниям, или негэнтропии.

Это определение можно представить в виде простой формулы прогресса:

$$P = L_\Delta (L_A - L_N),$$

где P — прогресс,
L_Δ — дельта жизни,
LA — актуальная (реальная) продолжительность жизни,
LN — естественная (биологическая) продолжительность жизни.

L_N, т.е. продолжительность жизни, отпущенная природой, фактически константа, а вся битва человечества идет за L_A; именно она является главным символом сопротивления Второму закону термодинамики.

Напомню, что природой человеку было отпущено 18–20 лет. Она в нашей формуле является константой. И если человек, скажем, прожил 80 лет, следовательно, он «обманул» природу на 60 лет, именно эти 60 лет знания вырвали у энтропии, и именно эти 60 лет и являются его дельтой жизни, или прогрессом.

В принципе прогрессом можно обозначить и *время* существования того или иного общественного явления, например государства или самого человечества. Просто в этом случае прогресс и актуальная продолжительность жизни совпадают: $P = L_A$. Например, прогресс человечества равен где-то 3–5 миллионам лет. Именно столько, по оценкам ученых, существует человек как особый вид природы. У любого государства также есть начало, с которого отсчитывается прогресс его существования.

Говоря же о человеке, мы говорим именно о дельте, поскольку у него задана первоначальная константа, а актуальная жизнь является переменной, которая увязана с общественной силой (кинобия [B_k]) и общественными знаниями (киногно́сис [G_k]). В соответствии с Первым началом общественного развития общественная сила неуклонно возрастает. Следовательно, и актуальная жизнь человека неизбежно возрастает. То есть: $L_A = B_k$. Причем, как было сказано, общественная сила и общественные знания в соответствии с законами общественного развития связаны между собой, при этом сила и знания взаимообратимы, т.е. каждая из них может являться функцией другой:

$$B_k = F(G_k) \text{ или } G_k = f(B_k),$$

где F и f обратные функции.

Но сила при этом рассчитывается через время (время дельты жизни). Знания же выражаются в объеме и глубине познания. Объем означает широту охвата исследований природы и общества (это количественная характеристика), глубина — это степень проникновения в сущность явлений природы и общества (качественная характеристика).

Глава 2
Прогресс

Но эти характеристики — «широта» и «глубина» — проявляются в пространстве (S) и времени (t), т.е. их можно выразить через такую характеристику, как скорость обретения знаний (υ), которая показывает, какой глубины и широты (в рамках общего процесса познания) достигают знания и за какое время:

$$υ = S/t$$

Таким образом, если взять, например, для наглядности количественную характеристику (V) — объем знаний, то мы увидим, что объем знаний зависит от скорости их обретения:

$$V = F(S/t) = F(υ)$$

Следовательно, объем (V) общественных знаний (G_k) есть функция скорости, а значит, и времени. Но, как мы помним, и общественная сила является функцией общественных знаний:

$$B_k = F(G_k),$$

т.е. и функцией времени.

Объединяя, приходим к формуле общественной силы:

$$B_k = F(G_k) = F(υ) = F(S/t)$$

Дифференцируя по времени, получаем уравнение динамики общественной силы:

$$\partial F(G_k)/\partial t = \partial F(S/t)/\partial t,$$

смысл которого в том, что темпы наращивания общественной силы зависят от увеличения объема общественных знаний, что, как мы выяснили выше, в свою очередь, зависит от скорости их приобретения (т.е. углубления и расширения)[1].

* * *

---

1. Представить соотношения между общественной силой и общественными знаниями в виде математических формул помог мне российский космонавт и ученый Ю.М. Батурин.

Из всего этого вытекает, что чем шире и глубже знания, тем сильнее общество, а чем сильнее общество, тем длиннее актуальная жизнь индивидуума, а значит, тем больше дельта жизни человека и, следовательно, тем прогрессивнее общество. Именно по СПЖ как агрегативному индикатору и необходимо оценивать прогрессивность общества.

Но если, скажем, нет статистики по данному показателю, существуют и другие показатели силы общества через знания. Один из них — скорость передвижения человека и скорость передачи информации, которые тесно взаимосвязаны. Вспомним историю развития человечества: поначалу скорость его передвижения определялась скоростью ходьбы человека, затем лошади, затем паровой машины, самолета, ракеты. И в принципе прогресс общества косвенно можно определить через его способность как можно дальше и глубже проникнуть в пространство Вселенной за более короткое время. Иначе говоря, чем большее пространство осваивает человек, тем выше его сопротивляемость Второму закону термодинамики. Через множество других структур эта скорость освоения Вселенной сказывается и на конечном результате — дельте жизни.

Теоретически все вроде бы хорошо, но надо иметь в виду практику, т.е. реальность. А реальность такова.

Хотя, как уже говорилось, общественная сила и общественные знания по своей философской сути одно и то же, однако в общественной жизни их проявления функционируют отдельно, причем само их проявление каждому из них придает особую специфику. Сила — статична, косна, воплощена в структурах и господствующих идеях. Знания — динамичны, постоянно обновляются. Другими словами, темпы их реализации могут существенно разниться в зависимости от их совместимости. Это создает постоянные противоречия между силой и знаниями, формами и способами их реализации, разрешение которых зависит от конкретно-исторических условий. Здесь уже вступают в свои права закономерности развития самих обществ, которые, в свою очередь, зависят от степени развитости этих обществ. Какого типа противоречия могут возникать между силой и знаниями?

Глава 2
Прогресс

Прежде всего надо учитывать, что противоречия могут носить объективный и субъективный характер. К первому типу противоречий относятся противоречия между теоретическими и практическими знаниями. Всегда существует определенный разрыв во времени между претворением теоретических знаний в практические. Между прочим, в некоторых редких случаях запаздывание реализации теоретических знаний давало положительный эффект. Например, гитлеровская Германия не успела использовать теоретические знания в области ядерной физики для создания атомной бомбы, что облегчило победу над нею. Но это случай уникальный. Обычно подобный разрыв негативно сказывается на развитии общества.

Существует объективное противоречие и между информацией и знаниями. Последние нередко просто растворяются в информации.

Однако более пагубны противоречия субъективного, точнее, идеологического характера. Например, общество сознательно сопротивляется тем или иным видам знаний. Скажем, эволюционная теория Дарвина, получившая признание большей части научного мира, до сих пор встречается в штыки противниками дарвинизма, особенно в религиозной среде. В США, в России, не говоря уже о странах мусульманского мира, немало голосов в пользу запрета преподавания в школах теории Дарвина. И в некоторых штатах Америки преподавание этой теории запрещено. Другими словами, религия продолжает активно бороться против знаний.

Существует особая проблема в общественных науках, которые в полной мере четко делятся на буржуазную и антибуржуазную, например марксистскую, науку. Подавление марксистского обществоведения в капиталистических обществах в принципе нормальное явление, это защита системы от альтернативной концепции развития. Проблема в том, что если буржуазная социология XIX и даже XX века в лице таких крупных ученых, как Огюст Конт, Макс Вебер, Дэниел Белл и многие другие, действительно вносила именно научный вклад в понимание общественного развития, то нынешняя социология отражает общий и естественный упадок капитализма. Например, современная интерпретация проблем свободы, демократии, равенства полов, гей-культуры, современного искусства — яркий пример полной деградации обществ. Но это — чистая идеология, к науке уже не имеющая никакого отношения.

В то же время буржуазная идеология путем изощренной манипуляции массовым сознанием блокирует научные идеи социализма и коммунизма как альтернативу нынешнему варианту капитализма, что вполне понятно.

Все большие обороты набирает и противоречие между наукой и «научным» шарлатанством. Это когда сами «ученые» то ли ради коммерции, то ли в угоду популярности «опровергают» науку всевозможной мистикой, богами, астрологией и прочими «чудесами» («электронное сознание», «мыслящий космос», инопланетяне и прочий абсурд).

Существуют серьезные противоречия между официальной наукой (встроенной в университеты и научные институты) и неофициальной, т.е. наукой тех ученых, открытия и концепции которых не совпадают с официальными. Работы последних солидные издательства не публикуют, а опубликованные в мелких издательствах стараются замолчать, проигнорировать.

Можно было бы привести много фактов разного рода противоречий, однако при всех названных и неназванных противоречиях между силой и знаниями надо исходить из Первого начала развития общества:

Общественная сила и общественные знания неуклонно увеличиваются и будут увеличиваться, пока существует человечество. Несмотря ни на что.

Если же в какой-то исторический момент окажется, что сила полностью перекрыла новые знания, тогда это противоречие будет решаться путем революции. И в этом случае начнет действовать Второе начало общественного развития, противодействующее закону энтропии.

Глава 2
Прогресс

Иначе говоря, революция, как скачок с одного уровня развития на другой, более высокий, должна осуществляться на основе знания законов общества. Это удар по энтропии, когда вновь «восстанавливается» Первый закон общественного развития: сила общества продолжает возрастать, следовательно, дельта жизни продолжает увеличиваться.

* * *

Таковы общие посылки и закономерности прогресса и силы. Совершенно естественно, что свою конечную суть они реализуют через все структуры общества, образуя всевозможные параллелограммы сил. В данной части не ставилась задача анализировать действия конкретных общественных структур в отношении прогресса. Они будут представлены в других разделах монографии.

Здесь же еще раз хочу подчеркнуть: изложенные термины, понятия, категории, методы и способы познания, а также методология определены и носят общий характер. Это дает возможность читателю не гадать о том, что автор имел в виду под словом, скажем, *наука,* или *знания,* или *истина.* Такая четкость позволяет внятно излагать позиции автора по любым вопросам, имеющим отношение ко всему полю международных и мировых отношений. Но все это только введение в Мирологию. Мирология потребует своего специфического лексикона, своего понятийно-категориального аппарата, позволяющего вскрывать законы и закономерности движения человечества по пути прогресса. Об этом предстоит разговор в последующих частях работы.

Библиография

Арин О.А. Мир без России. М.: Эксмо, Алгоритм, 2002.

Аристотель. Сочинения. В 4-х томах. М.: Мысль, 1976–1984.

Биологический энциклопедический словарь. Гл. редактор М.С. Гиляров. М.: Большая Российская энциклопедия, 2003. Репр. издание «Биологического энциклопедического словаря» 1986 г.

Блюменфельд Л.А. Информация, термодинамика и конструкция биологических систем (ФИЗИКА, 1996). URL: http://www.pereplet.ru/obrazovanie/stsoros/136.html

Богданов А.А. Тектология: (Всеобщая организационная наука). В 2-х книгах. М.: Экономика, 1989.

Богданов А. Падение великого фетишизма (Современный кризис идеологии). Вера и наука (О книге В. Ильина «Материализм и эмпириокритицизм»). М.: 1910.

Богомолов А.С. Буржуазная философия США XX века. М.: Мысль, 1974.

Булатов М.А. Логические категории и понятия. Киев: Наукова думка, 1981.

Бэттлер А. Диалектика силы: онтобия. М.: Едиториал УРСС, 2005.

Бэттлер А. Общество: прогресс и сила (критерии и основные начала). М.: Издательство ЛКИ, 2008.

Бэттлер А. О любви, семье и государстве. Философско-социологический очерк. М.: КомКнига, 2006.

Вернадский В.И. Труды по всеобщей истории науки. М.: Наука, 1988.

Вернадский В.И. Философские мысли натуралиста. М.: Наука, 1988.

Винер Н. Кибернетика, или Управление и связь в животном и машине. Пер. с англ. М.: Наука, 1983.

Винер Н. Творец и будущее. Пер. с англ. М.: ООО «АСТ», 2003.

Гегель Г.В.Ф. Работы разных лет в 2-х томах. М.: Мысль, 1973.

Гегель Г.В.Ф. Наука логики. СПб.: Наука, 1997.

Гегель Г.В.Ф. Феноменология духа. СПб.: Наука, 1999.

Гидденс Э. Социология. Пер. с англ. М.: Едиториал УРСС, 2005.

Губин В.Б. Физические модели и реальность. Проблема согласования термодинамики и механики. Алматы: 1993. URL: http://www.entropy.narod.ru/BOOK-93.HTM

Зак Л.А. Западная дипломатия и внешнеполитические стереотипы. М.: Международные отношения, 1976.

Кант И. Сочинения. В 8-ми томах. Под общ. ред. А.В. Гулыги. М.: ЧОРО, 1994.

Кармин А.С. Научные открытия и интуиция. В: Природа научного открытия. Философско-методологический анализ. М.: Наука, 1986.

Кибернетика. Итоги развития. М.: Наука, 1979.

Клаус Г. Сила слова (Гносеология и практический анализ языка). Пер. с нем. М.: Прогресс, 1967.

Клаус Г. Кибернетика и общество. Пер. с нем. М.: Прогресс, 1967.

Корнфорт М. В защиту философии. Против позитивизма и прагматизма. М.: ИИЛ, 1951.

Кукулка Ю. Проблемы теории международных отношений. Пер. с польского. М.: Прогресс, 1980.

Кун Т. Структура научных революций. Пер. с англ. М.: АКТ, 2003.

Лакатос И. Фальсификация и методология научно-исследовательских программ. В: Кун Т. Структура научных революций.

Лакатос И. История науки и ее рациональные реконструкции. В: Кун Т. Структура научных революций.

Леви-Брюль Л. Первобытное мышление. Пер. с франц. Л.: Атеист, 1930.

Лейбниц Г.В. Сочинения. В 4-х томах. М.: Мысль, 1982–1989.

Ленин В.И. Полное собрание сочинений. М.: Политиздат, 1958–1965.

Лисичкин В.А. Теория и практика прогностики. М.: Наука, 1972.

Маркс К. и Энгельс Ф. Сочинения. Изд. второе. М.: Политиздат, 1955–1981.

Международный порядок: политико-правовые аспекты. Под общ. ред. Г.Х. Шахназарова. М.: Наука, 1986.

Ницше Ф. Сочинения в 2-х томах. М.: Мысль, 1990.

Осипов Ю.М. Опыт философии хозяйства. М.: МГУ, 1990.

Пенроуз Р. Новый ум короля: О компьютерах, мышлении и законах физики. Пер. с англ. М.: Едиториал УРСС, 2003.

Пенроуз Р. Тени разума. В поисках науки о сознании. Пер. с англ. М. – Ижевск: Институт компьютерных исследований, 2003.

Пригожин И., Стенгерс И. Порядок из хаоса. Новый диалог человека с природой. Пер. с англ. М.: Едиториал УРСС, 2003.

Пригожин И. (ред.). Человек перед лицом неопределенности. Пер. с англ. Москва–Ижевск: Институт компьютерных исследований, 2003.

Природа научного открытия. Философско-методологический анализ. Отв. ред. В.С. Готт. М.: Наука, 1986.

Пуанкаре А. О науке. Пер. с франц. М.: Наука, 1983.

Спиноза Б. Избранные произведения в 2-х томах. М.: Госполитиздат, 1957.

Степин В.С. Становление теории как процесс открытия. В: Природа научного открытия. Философско-методологический анализ.

Рабочая книга по прогнозированию. М.: Мысль, 1982.

Тосака Д. Теория науки. М.: Наука, 1983.

Управление, информация, интеллект. Под. ред. А.И. Берга и др. М.: Мысль, 1976.

Уэллс Г. Прагматизм – философия империализма. М.: ИИЛ, 1955.

Философский энциклопедический словарь. М.: Советская энциклопедия, 1983.

Философия. Энциклопедический словарь. М.: Гардарики, 2004.

Хакен Г., Хакен-Крель М. Тайны восприятия. Синергетика как ключ к мозгу. Пер. с нем. М.: Институт компьютерных исследований, 2002.

Холличер В. Природа в научной картине мира. Пер. с нем. М.: Прогресс, 1966.

Цыганков П.А. Теория международных отношений. М.: Гардарики, 2003.

Черняк В.С. История. Логика. Наука. М.: Наука, 1986.

Чудинов. Э.М. Проблема рациональности науки и строительные леса научной теории. В: Природа научного открытия. Философско-методологический анализ.

Чудинов Э.М. Природа научной истины. М.: Политиздат, 1977.

Чудинов Э.М. Теория относительности и философия. М.: Политиздат, 1974.

Шарден, Пьер Тейяр де. Феномен человека. Пер. с франц. М.: Наука, 1987.

Шеллинг Ф.В.Й. Сочинения в 2-х томах. М.: Мысль, 1987.

Шкловский И.С. Вселенная, жизнь, разум. М.: Наука, 1987.

Шредингер Э. Мое мировоззрение // Вопросы философии. URL: http://philosophy.ru//library/vopros/70.html.

Эткинс П. Порядок и беспорядок в природе. М.: Мир, 1987.

Aranovich S. Science as Power. Discourse and Ideology in Modern Society. Minneapolis: University of Minnesota Press, 1988.

Baturin Yu. Political Information and its Perception // Political Sciences: Research Methodology. 12th International Political Science Association Congress. М., 1982.

Bell D. The Coming of Post-Industrial Society. N.Y.: Basic Books, 1976.

Berlin I. Concept and Categories. Philosophical Essays. Ed. by H. Hardy with an introduction by B. Williams. L.: Pimlico:,1999.

Bernal J.D. Science in History. L.: Watts & Co., 1954.

Berry A. Harrap's Book of Scientific Anecdotes. L. Harrap, 1989.

Booth K., Smith S.(eds). International Relations. Theory Today. UK: Polity Press, 1997.

Burchill S. et al. Theories of International Relations. 3rd ed. N.Y.: Palgrave MacMillan, 2005.

Bury J.B. The Idea of Progress. An Inquiry into Its Origin and Growth. Honolulu, Hawai: University Press of the Pacific, 2004 (reprinted from the 1921 edition).

Cambridge Dictionary of Philosophy. Second Edition. General Editor R. Audi.Cambridge: Cambridge University Press, 1999.

Carter R. Consciousness. UK: Weidenfeld & Nicolson, 2002.

Complexity, Global Politics, and National Security. Ed. by D.S. Alberts and Th. J. Cherwinski. Wash. D.C.: National Defense University, 1997.

Complexity in World Politics: Concepts and Methods of a New Paradigm. Ed. by N.E. Harrison. Albany: State University of New York, 2006.

Davies P. The Fifth Miracle. The Search for the Origin of Life. L.: Penguin Press, 1998.

Gills B.K. Historical Materialism and International Relations Theory // Millennium: Journal of International Studies. 1987, vol. 16, No. 2, Summer.

Gleick J. Chaos: Making a New Science. N.Y.: Viking, 1987.

Griffiths M.(ed.). International Relations Theory for the Twenty-First Century. An Introduction. L.: Routledge, 2007.

Holden, Gerard. The state of the art in German IR // Review of International Studies, 2004, vol. 30, № 3.

Hughes H.S. Consciousness and Society. The Reconstruction of European Social Thoughts: 1890–1930. N.Y.: Vintage Books, 1958.

International Relations Theory and Philosophy: Interpretive Dialogues. Ed. by C. Moore and Ch. Farrands. L.–N.Y.: Routledge, 2010.

Jackson P. Th. The Conduct of Inquiry in International Relations: Philosophy of Science and its Implications for the Study of World Politics. L.–N.Y.: Routledge, 2011.

James W. The Varieties of Religious Experience: A Study in Human Nature. London–Bombay: Longmans, Green, and Co., 1902.

James W. Writings 1902–1910. N.Y.: Literary Classics of the United States, Inc., 1987.

Kahn H., Wiener A. The Year 2000. A Framework for Speculation on the Next Thirty Three Years. N.Y.: MacMillan Company, 1967.

Kahn Herman & others. The Next 200 Years. N.Y.: William Morrow, 1976.

Knowledge, Concepts, and Categories. Ed. by K. Lamberts & D. Shanks. MIT Press, 1997.

Lakoff G., Wehling E. The Little Blue Book: The Essential Guide to Thinking and Talking Democratic. N.Y.: Simon and Schuster, 2012.

Levin R. Complexity. Life at the Edge of Chaos. L.: J M Dent Ltd, 1993.

Models, Number, and Cases. Methods for Studying International Relations. Ed. by D.F. Sprinz and Y. Wolinsky-Nahmias. Ann Arbor: The University of Michigan Press, 2004.

Murray Ch.A. Human Accomplishment: the Pursuit of Excellence in the Arts and Sciences, 800 B.C. to 1950. N.Y.: Perennial, 2004.

Neufeld M. The Restructuring of International Relations Theory. Cambridge: Cambridge University Press, 1995.

Nisbet R.A. History of the Idea of Progress. New Brunswick, NJ: Transaction Publishers, 1998.

Nisbet R.A. The Idea of Progress // Literature of Liberty. 1979, vol. II, No. 1, January–March.

Orwell G. Politics and the English Language. In : Collection of Essay. San Diego–New York–London: Harcourt Brace Jovanovich Publisher, 1953.

Oxford Companion to Philosophy. Ed. by T. Honderich. Oxford–New York: Oxford University Press, 1995.

The Philosophy of Economics. An Anthology. Third Edition. Ed. by Daniel M. Hausman. Cambridge: Cambridge University Press, 2008.

Progress in International Relations Theory: Appraising the Field. Ed. by C. Elman and M.F. Elman. Cambridge (Mass) – London: MIT Press, 2003.

Schumpeter, Joseph. Science and Ideology. In: The Philosophy of Economics. An Anthology.

Tipler F.J. The Physics of Immortality. Modern Cosmology, God and the Resurrection of the Dead. N.Y.: Doubleday, 1994.

Understanding Power. The Indispensable Chomsky. Ed. by P.R. Mitchel and J. Schoeffel. N.Y.: The New Press, 2002.

Именной указатель

А

Адорно Теодор 33, 47
Альтусер 47
Ампер 165
Андерсен Перри Р. 64
Анивас 60, 62
Аранович Стэнли 82
Аристотель 165, 167, 188, 189, 248
Арчер Маргарет 38
Асмус В.Ф. 108

Б

Батлер 54
Батурин Ю.М. 144, 214, 243
Бахтин Михаил 53
Белл Даниель 160, 230, 232, 237, 245
Беркли 28, 30, 58
Берлин Исайя 80, 147, 151
Бжезинский Зб. 89
Блейкер Роланд 54, 56, 59
Блюменфельд Лев 217, 248
Богданов А.А. 17, 109, 113–120, 148, 248
Богомолов А. 28, 29, 30, 108, 221, 248
Богосьян Пол 123
Больцман Людвиг 31, 165
Бом Дэвид 40
Борн Макс 41
Боулдинг К. 65
Браумоллер Бэр 130
Булатов М.А. 145, 248

Булл Хедли 74
Бунге Марио 38
Бут Кэн 13
Бхаскар Рой 38
Бэкон Роджер 15
Бэкон Фрэнсис 15, 59, 60, 209
Бэри Дж. 19, 100
Бэрри Адреан 130
Бэттлер А. 59, 86, 176, 248
Бюффон Ж. 54

В

Вайнберг Стив 31
Вайт Колин 50, 51, 81
Валлерстайн И. 116
Валь Жан 99, 100
Варрон Марк 15
Вебер Макс 49, 50, 245
Вендт 37, 38, 42
Вендт Александр 37, 38, 42
Верб Сидне 36
Вернадский В.И. 78, 113, 248
Винер Норберт 17, 165, 213, 214, 217, 218, 229, 248, 249
Витгенштейн Людвиг 53, 59

Г

Гаусс Карл 122, 165
Гегель 6, 39, 95, 99, 137, 143, 145, 146, 148, 154, 156, 157, 165, 177, 188, 190, 191, 209, 234, 249
Гейзенберг 41, 165

Гелл-Манн Мюррей 87, 88
Гидденс Э. 249
Гилпин Р. 41, 42
Гиляров М. 248
Гоббс 6, 60
Грамши А. 33, 46
Грифитс М. 33
Губин В. 187, 188, 249
Гулд С. 86, 97, 102, 181, 182, 188

Д

Давыдов Ю.Н. 108
Дарвин 188, 193, 197
Деборин А.М. 109
Декарт 6, 36, 237
Делаттр П. 137
Деррида Ж. 53
Десслер 42
Джеймс В. 28, 29, 44, 49, 93, 231, 240
Джексон П. 35–51, 80, 81, 123
Джервис Р. 86
Джилс Б. 19
Доукин Р. 181
Дубровский Д.И. 198
Дьюи Д. 27, 29, 32, 108
Дэвис П. 138
Дэн Сяопин 20

З

Зак Л.А. 65

К

Кавендиш 230
Калкинс М. 27, 30

Камю 54, 108
Кан Г. 158
Кант 6, 13, 66, 67, 69, 70, 83, 100, 165, 249
Каплан М. 74
Кармин А.С. 164, 249
Карнап Р. 74
Карр Е.Х. 47, 74, 75
Кедров Б.М. 108
Келле В.Ж. 108
Кельвин 165
Кеплер 17, 237
Кинг Г. 36
Клаузиус Р. 165
Клаус Г. 144, 208, 214, 249
Кокс Р. 125
Кольберг Л. 62
Кондильяк 144
Конт О. 195, 245
Конфуций 179
Коперник 77, 78, 117, 165
Корнфорт М. 29, 30, 32, 249
Коэн Р. 36
Крукшанк А.А. 19
Кубалкова В. 19
Кукулка Ю. 137, 249
Кун Т. 74, 75, 76, 109, 249
Куффиньяль Л. 213, 214
Кюри 165

Л

Лакатос И. 74, 76, 78, 79, 109, 249
Лакофф Дж. 58
Ламарк 76
Ламетри 206

Лапид И. 37
Леви-Брюль 202, 249
Левинас Э. 53
Левин Р. 182
Лейбниц 144, 165, 205, 239, 250
Ленин В.И. 19, 31, 99, 107, 108, 113, 120, 133, 145, 148, 156, 250
Леонардо да Винчи 165, 230, 240
Ле-Шателье А.Л. 118
Линклейтер Э. 62, 63
Лисичкин В.А. 250
Лобачевский Н.Н. 165
Лосев А.Ф. 108
Лысенко 235

М

Макартур 44
Македонский Александр 167
Максвелл 217
Манн С. 91
Манхейм К. 47
Мао Цзэдун 20
Маркс К. 17, 19, 60, 61, 67, 100, 108, 117, 119, 120, 133, 143, 156, 157, 165, 176, 233
Маркузе Г. 108
Мах 30
Менделеев Д. 165
Мёрэй Ч. 239, 240
Милль Дж. С. 60
Митин М.Б. 109
Мичурин И.В. 235
Моргентау Г. 20, 74
Мэйр Э. 183

Н

Нарский И.С. 108
Нейрат О. 30
Нисбет Р. 195
Ницше Ф. 43, 53–56, 59, 60, 250
Нойфелд М. 33, 135
Ньютон И. 17, 101, 144, 165, 239

О

Обама Б. 58
Ойзерман Т.И. 109
Ом 165
Оруэлл Дж. 57
Освальд 31
Осипов Ю.М. 192, 193

П

Паскаль 165
Патомэки Х. 51
Паточка Ж. 53
Пенроуз Р. 203, 250
Пирсон К. 30
Пирс Ч. 27, 28, 76
Планк М. 31
Платон 165, 167, 239
Поздняков Э.А. 22
Поппер К. 36, 40, 74, 79, 109, 120, 125, 135
Пригожин И. 97–100, 101, 103, 135, 137, 250
Птоломей 77
Пуанкаре А. 144, 250
Пурбах Г. 77

Р

Рассел Б. 108
Региомонтан 78
Рикардо Д. 165
Розенау Дж. 89, 90, 93
Ройс 30
Руссо 195
Руссо Ж.Ж. 195

С

Саган К. 39
Салтыков-Щедрин М. 80
Сартори Дж. 51
Сартори Энн. 130
Сартр Ж.-П. 108
Северцев А.Н. 180
Сейперстейн Э. 92
Селларс Р. 27
Сен-Викторский Г. 15
Сен-Симон 195
Симпсон Дж. 183
Сингер Д. 94
Скойлис Дж. 208
Смит А. 165
Сократ 165, 167
Спенсер Г. 60, 76, 100
Спиноза Б. 6, 206
Стенгерс И. 97, 98, 100, 137, 250
Степин В.С. 75, 250
Сциллард Л. 217

Т

Талейран 57
Типлер Ф. 133

Томас Кун 742
Том О.Р. 137

У

Уайт Дж. 240
Уайт М. 28
Уолц К. 20, 43, 77
Урсул А.Д. 198
Уэллс Г. 30, 31, 250

Ф

Фейерабенд П. 79
Фирке К. 58, 59
Фраассен В. 44
Фуко М. 53, 54, 59, 60

Х

Хабермас Ю. 60–64
Хайдеггер М. 53, 108
Хакен Г., Хакен-Крель М. 96, 251
Хаксли Дж. 180
Харрисон Н. 87
Хокинг С. 132, 133
Холличер В. 251
Хоркхаймер М. 47, 60–62, 64
Хорхайм М. 33
Хук С. 28
Хью С. 29

Ц

Цыганков П.А. 96, 97, 102

Ч

Чакраварти А. 41
Чемберс Р. 76
Черняк В.С. 121

Чоу М. 54, 56, 59
Чудинов Э.М.   31, 40, 41, 76, 121, 122, 124, 251

Ш

Шеллинг 186, 251
Шеллинг Ф. 186, 251
Шильям Р. 63
Шкловский И.С. 183, 251
Шлик М. 74
Шредингер Э. 41, 165, 186, 251
Шумпетер Й. 106

Э

Эйген М. 184
Эйнштейн А. 31, 41, 103, 165
Эльстайн Дж. 18
Энгельс Ф. 19, 100, 108, 120, 133, 143, 174, 197, 233, 250
Эткинс П. 183, 184

Ю

Юм 30, 60

Я

Ясперс К. 108

Резензии

Бэттлер А. Общество: прогресс и сила (критерии и основные начала).

Книга А. Бэттлера предназначена не столько для прочтения, сколько для глубокого изучения. Как в физике, так и в обществе фундаментальные законы оперируют с некоторым числом концептов, через которые читатель, познающий предмет по классическим учебникам, спускается к более частным законам меньшей универсальности. Этот путь обычно состоит из ряда ступеней и не так прост, даже при хорошем наставнике. Представьте, каково подниматься по тем же ступеням в противоположном направлении к «началам»! А именно в этом и состоит судьба исследователей. Но лишь немногим, самым упорным и умеющим не только анализировать, но и обобщать, в конце концов, удается увидеть повторяющуюся связь характерных событий, выделить отношения, соответствующие этой связи, то есть отношения концептов, из которых и вырастает формулировка закона.

...Не будем забывать, что в науке, как в физике, так и в обществе, всякая «последняя» ступень в формулировании фундаментальных законов на самом деле является предпоследней. Поэтому вряд ли мы удивимся, обнаружив через несколько лет новую книгу Алекса Бэттлера, сумевшего сделать еще один шаг.

Ю.М. Батурин,
российский космонавт, д. юр. наук. — Вопросы философии, 2009, № 3.

Бэттлер А. О любви, семье и государстве.

Среди фундаментальных структур государства семья, возможно, по мнению автора, наиболее важная, поскольку именно в ее недрах происходят процессы, позволяющие государству воспроизводить собственное «Я». Как и любое общественное явление, семья претерпевала изменения на протяжении существования человечества. В современную эпоху на Западе, да и в России начались процессы, разваливающие семью и институт брака. Их главными признаками являются разрушение традиционной семьи, появление аномальных семей (гомосексуального типа) и эрзац-семей в виде «сожительства». Проблемы любви, семьи и государства – темы, широко обсуждаемые в обществе. Данная книга отличается от многих исследований прежде всего тем, что такие известные слова, как любовь, семья и брак, автор вывел на новый понятийный уровень. Это дало Бэттлеру возможность определить закономерную связь между разрушением брака и распадом государства в контексте закона возрастания энтропии или «закона смерти». Теоретическая, философская часть работы дополнена социологическими данными, показывающими сравнительную картину ситуации семьи брака на Западе и в России.

Т. Викторов. —
Социологические исследования,
2006, № 8.

О. Арин. Азиатско-тихоокеанский регион: мифы, иллюзии и реальность. Восточная Азия: экономика, политика, безопасность.

Актуальная по значимости рассматриваемых проблем и весьма солидная по объему книга О. Арина несомненно вызовет повышенный интерес у всех, кто занимается изучением ситуации в обширном регионе мира, охватывающем американское и азиатское побережье, а также островные страны Тихого океана. Думается, что написанная живо, в остро полемическом ключе, а главное затрагивающая жизненные интересы России, данная монография привлечет также внимание широкой читающей публики. И профессиональный политолог, и просто любознательный читатель найдут в ней немало новых, подчас неожиданных оценок, расходящихся с общепринятыми суждениями и взглядами, касающимися состояния и перспектив экономики, международно-политической обстановки в бассейне Тихого океана, а также роли этого региона в мировом развитии в XXI веке.

А.Г. Яковлев, профессор. —
Проблемы Дальнего Востока, 1998, № 3.

Alex Battler. Dialectics of Force: Ontobia.
(Алекс Бэттлер. Диалектика силы. Онтобия)

Бэттлер: объединенная «Теория всего», от фундаментальных законов физики до сознания и свободной воли.

Хотя Бэттлер предлагает широкий взгляд на универсальные структуры – от развития органической жизни, природы сил, природы сознания, мысли и разума – в глаза бросается существенная разница, отличающая его книгу от многих аналогичных книг. Бэттлер углубляет философский, феноменологический подход их переплетением, что добавляет некоторые интересные идеи в это сочетание. Нужно заметить, что этот феноменологический аспект не является повторением классических феноменологов типа Гуссерля, а скорее его предшественников, а именно Шеллинга и Гегеля, причем последний играет особо важную роль в разделе о «мысли и разуме». Центральным тезисом Бэттлера является то, что он называет «онтобия» – «свойство бытия, которое проявляет свое существование через движение, пространство и время».

...Для книги среднего размера впечатляет тщательность. И даже когда идеи автора проведены «против шерсти», хорошо аргументированный философский стиль нападения удовлетворит любознательных читателей.

Новые идеи, которые бросают вызов читателям и расширяют их кругозор.

Kirkus Review,
USA, 2013

Alex Battler. The 21st Century: the World without Russia.
(Алекс Бэттлер. Мир без России)

Алекс Бэттлер убедительно излагает свои оригинальные и наводящие на размышления исследования современной международной политики. Эту книгу стоит прочитать многим, поскольку она дает понимание места России в мире.

Paul Marantz,
University of British Columbia (Canada)

Алекс Бэттлер написал очень интересную книгу на основе традиционного для нынешних русских пессимизма относительно будущего России, но с новыми ингредиентами как, например, значимостью экономического потенциала страны в контексте геостратегии и внешней политики. Вы можете не соглашаться с его выводами, но она дает ценную информацию о том, что думают многие россияне о будущем своей страны.

Jan Leijonhielm, Head of Russian Studies, Swedish Defence Research Institute.

Основные научные работы Алекса Бэттлера (Олега А. Арина)

- Мирология. Прогресс и сила в мировых отношениях. Том II. Борьба всех против всех. Книга II (2015, 2019, 2021, 2026)
- Мирология. Прогресс и сила в мировых отношениях. Том II. Борьба всех против всех. Книга I (2014, 2019, 2021, 2026)
- Мирология. Прогресс и сила в мировых отношениях. Том I. Введение в мирологию (2014, 2019, 2021, 2026)
- Алекс Бэттлер. Марксология. Цивилизация против формации. (2024)
- За гранью искусства. Критический анализ (2024)
- Современные международные отношения. Политика великих держав: теория и практика. Курс лекций (2022)
- Россия: шествие на казнь (2022)
- Россия vs Запад: реванш (2022)
- Атеизм: религии бой! (2022)
- Наука о Боге. Том VI. Религия: действие и противодействие (2022)
- Наука о Боге. Том V. Религия: наука и общество (2021)
- Наука о Боге. Том IV. Христианство и политика (2021)
- Царская Россия: крах капитализма (конец XIX–начало XX века) (2020)
- Евразия: иллюзии и реальность (2018, 2019)
- Наука о Боге. Том III. Философия христианства (2019)
- Наука о Боге. Том II. Идеология христианства (2019)
- Наука о Боге. Том I. Феноменология Библии (2019)
- Общество: прогресс и сила (критерии и основные начала) (2008, 2009, 2013; 2019)

- Диалектика Силы: Онто́бия (2005, 2008, 2013, 2019)
- О любви, семье и государстве (2006, 2008, 2020)
- Двадцать первый век: мир без России (2001, 2002, 2004, 2005, 2020)
- Россия на обочине мира (1999, 2019)
- Внешняя политика Японии в 70-х – начале 80-х годов (теория и практика) (1986)

Алекс Бэттлер

МИРОЛОГИЯ

Прогресс и сила в мировых отношениях

Том I
Введение в мирологию

SCHOLARICA®

2026

www.ingramcontent.com/pod-product-compliance
Lightning Source LLC
Chambersburg PA
CBHW020456030426
42337CB00011B/128